休闲蔬菜食品生产技术与配方

斯波　著

中国纺织出版社有限公司

内 容 提 要

本书主要讲述休闲蔬菜食品的加工技术和发展趋势，并重点介绍了金针菇、土豆、海带丝、素食肉等40种休闲调味蔬菜食品的生产工艺和配方。书中内容均为笔者从事复合调味生产与研发多年的经验总结，实用性、可操作性非常强，对休闲蔬菜食品相关企业的生产和研发有一定的参考价值。

图书在版编目（CIP）数据

休闲蔬菜食品生产技术与配方 / 斯波著. —北京：中国纺织出版社有限公司，2020.9

ISBN 978-7-5180-7470-9

Ⅰ.①休… Ⅱ.①斯… Ⅲ.①蔬菜加工—基本知识 Ⅳ.①TS255.3

中国版本图书馆CIP数据核字（2020）第088311号

责任编辑：闫 婷　　责任校对：王花妮
责任设计：品欣排版　　责任印制：王艳丽

中国纺织出版社有限公司出版发行
地址：北京市朝阳区百子湾东里A407号楼　邮政编码：100124
销售电话：010—67004422　传真：010—87155801
http：//www.c-textilep.com
中国纺织出版社天猫旗舰店
官方微博 http：//weibo.com/2119887771
北京玺诚印务有限公司印刷　各地新华书店经销
2020年9月第1版第1次印刷
开本：880×1230　1/32　印张：10.625
字数：288千字　定价：42.00元
京朝工商广字第8172号

前言

本书实现了蔬菜加工零添加的突破，是企业诞生更多年产值过亿单品的基础。书中内容可以灵活使用，可创新程度高，创新生产出越来越多的农产品自热菜肴、即食菜肴、方便菜肴、标准化菜肴，为加工生产中出现的实际问题找到科学的解决办法，直接使用效果显著，希望越来越多的产品诞生于此书。

实践证明，本书可以为行业找到新的增长点，为人们吃好找到出路，为农产品加工找到新办法。未来，该书的内容还会更加立体，释放更多价值，根据消费来融合调味，让消费的价值得到多元化展现，为升级农产品的价值做出应有的贡献，为农产品加工奠定基础，解决农产品加工的部分技术难题，有助于农民提高收入。

我们一直根据消费来完成高品质的蔬菜加工，希望能帮助读者实现更多的价值转化。本书内容完全来自本人多年的实践经验总结，书中尚有不妥之处，望读者提供建议和意见。

斯波

2020 年 7 月 13 日于成都

目录

第一章　休闲蔬菜食品产业发展趋势

随着人们生活水平的不断提高,肉类的消费量在不断下滑,而蔬菜食品的消费量却在不断增长。休闲蔬菜食品的需求量也在逐渐提高,新口味的休闲蔬菜食品不断涌现。休闲蔬菜食品的发展具有单品竞争激烈化、基地加工产业一体化、产品可追溯规范化、附加值不断提高、经营规模化等特点。蔬菜食品生产企业也在不断按照这几方面进行精深加工,做出高品质的蔬菜食品以满足日益变化的消费者的需求。

第一节　休闲蔬菜食品单品竞争激烈化

休闲蔬菜制品生产技术含量低,生产比较容易,再加上标准比较老化,导致生产企业跟风比较普遍。以金针菇为例,国内生产企业1200多家,可是真正做香辣金针菇产品到3000万元年产值以上的企业不到20家,尤其是一些小企业不断恶性竞争,导致利润极低。在肉类消费不断下降而蔬菜制品不断增长的情形下,香菇酱、香辣菜、风味豆豉都存在单品竞争激烈化的问题。消费者真正认可的单品价格和品质始终是市场的主导,主宰着整个行业的发展。

单品竞争激烈化在蔬菜食品中比较普遍,大多数以次充好的蔬菜食品屡见不鲜,尤其是金针菇系列产品最为明显,数千家金针菇生产企业白热化竞争让整个行业很难有长足的发展,让整个行业的品牌在物价上涨的同时很难脱开身来踏踏实实做产品,部分企业更是使出浑身战术也赚不到市场的认可,在其他蔬菜食品休闲化过程中也会不断涌现这样的现象。

一、单品突出成为一大特点

突出单品来满足消费者的真实需要,这就为蔬菜制品单品占领市场提供基础,不在于市场占有率高而在于突出单品在市场上的消费者认可度,唯有突出单品才能让品牌立足于市场。过去的食品种类繁多占领市场的传统开发方式已经不再拥有机会,唯有单品突出才能带领一个行业,无论金针菇、香菇酱还是香辣菜,都是在单品的带动下影响整个品牌乃至整个行业的发展。

二、同类产品举步维艰

同质化严重导致大多数蔬菜食品不被消费者认可,通常在市场上就是陪衬。消费者在选择购买时,味道优者占上风,而不是价格,这是吃货的时代。这也是休闲蔬菜食品同类产品举步维艰的现实所在。这与企业间过度模仿也有一定的关系。大多数企业家不是用心做产品而是想用人民币做产品,造成同类产品滞销也是必然的。

三、创新单品立足市场

根据消费者的需要来创新产品才是未来休闲蔬菜食品的发展趋势,也只有这样才能立足于市场。跟风市场上畅销的休闲蔬菜食品只会造成资源浪费,消费者认可率极低的产品不可能走太远。创新源于消费者的潜意识需求,如大蒜根系在一些地区通常作为凉拌菜来吃,这种利用自然资源深度开发出的休闲蔬菜食品必将适应部分市场,创新到多种菜类根系依然有这样的利用价值,这样的创新即可立足市场。再如调味菜作为休闲蔬菜食品销售不断获得消费者的认可,这都是创新的现实,也是市场发展多元化之必然。

四、素食肉兴起

人们对健康的倍加重视促使素食肉系列成为新的趋势,成为未来新的热点和卖点,也逐渐引起了全世界的关注,具体体现在:①素食肉更加安全,可以满足人们未来的需求升级,安全是第一要素,素食肉是未来最为安全的肉制品替代品之一。②素食肉无胆固醇，比真肉制品具有一定健康优势。③素食肉是现代大多数肉的高级替代品，在某些方面优于真肉的饮食效果，食用后可在一定程度上预防慢性疾病，提高人们的健康水平。④潜力巨大，素食肉不足肉类销售的1%，预测未来还有30%左右的增长空间。⑤素食肉对解决粮食危机有帮助，节约能源，有助于解决传统畜牧业存在的严重污染，降低养殖业排放的温室气体。⑥通过素食肉来解决肉类供应量不平衡的问题，改善当下人们的健康状况，提供消费的健康趋势。⑦素食肉丰富、多样化，可作为健康肉改善生活需求，如改善面食、烘焙食品，优化蛋白质食品、植物蛋白发酵食品，等等。⑧全产业链消费透明化升级消费，素食肉系列工艺流程、消费引导等均可以公开，这是能够保证安全的最大优势之一。⑨素食肉具有肉的纤维结构，调味之后可以和肉媲美，盲测消费者几乎尝不出动物肉和素食肉的区别，大多数指标超过一般肉制品。⑩素食肉可以做成猪、牛、羊、鸡、鸭、鱼、虾等多种形式、多种造型、多种风味，仿真性良好，可以做到比真肉更加优秀的地步。⑪素食肉解决激素、抗生素、病毒感染动物肉等问题，而且人体吸收转化率高达70%以上。⑫美国、英国等素食肉销售量疯涨，带动全球热潮，目前已经超过10万家门店销售。⑬素食肉菜品化，素食香肠、素食海鲜制品、素食肉汉堡、素食肉三明治等，升级满足全人类健康的需求趋势，未来将诞生年产值超过百亿的素食肉制品企业。⑭素食肉在非转基因的藜麦、魔芋、青稞、燕麦等中的创新，促使中国味道调味全球化不断推进。⑮素食肉更加环保，吃肉不再依赖动物的新趋势更加健康，全素食餐饮更加经济，素食肉将是最佳的肉制品替代品之一，来源将更加节能。素食肉必将带来新的消费趋势，带给人类更多健康和美味。

第二节　基地加工产业一体化

随着农业产业化、土地资源新型农村的变化，将蔬菜加工的基地做成休闲蔬菜食品的原料库，必然成为基地加工一体化的趋势。休闲蔬菜的快速发展推动了蔬菜种植基地和加工产业一体化,如萝卜种植基地与老鸭汤生产企业的合作堪称典范,辣椒种植基地和辣椒制品生产企业也是一体化。这样的形式一方面将蔬菜资源充分利用,另一方面可以实现管理的水平和种养殖呈数量级的变化。科学技术的应用将不断诞生高品质的休闲蔬菜食品,如一些香椿加工基地和食品厂的结合,一些原根种植和加工厂的结合,一些金针菇培植基地和加工厂的结合,一些竹笋种植采集基地和食品厂的结合,一些银杏种植和加工厂的结合,再如青菜、豇豆、大头菜、黄花、核桃花、马齿苋等,这些都可以实现基地加工产业一体化,让农产品增值,让农民创收。

一、原料基地化

加工产业化必须建立原料基地化,只有做到原料基地化才能不断满足精深加工的需求,才能不断实现消费者的需求。原料基地化也是工业化蔬菜休闲化加工的必然趋势。

二、运输及其配套化

完整的配套将不断实现加工的标准化、规范化。运输及其配套也是必然考虑因素。

三、资源充分利用

充分利用原料的优势为精深加工服务,只有将农产品资源利用最大化才能做到基地加工一体化的目的。

第三节　产品可追溯规范化

从原料到加工过程完全可以实现可追溯规范化。让消费者对自己所食用的原料及其深加工过程了解程度加深,能够增强消费者的食用信心。休闲蔬菜食品出现任何问题都能够可追溯,是这个行业长远发展的关键。在一些食品企业,腌制蔬菜半成品来源不明,隐患较大,尤其是过多亚硝酸盐残留和一些非法添加蔬菜原料的问题,给一些蔬菜食品加工企业带来很多不利因素,这也是产品在可追溯方面做得不足的原因。如豆芽这一蔬菜的加工更是漏洞百出,层出不穷的不良做法让人不堪入目。

一、源头管理

对源头的管理至关重要,这必是未来蔬菜食品的限制因素。蔬菜原料的种植环节做到能够完全满足消费需要,而不是一些非法生产,可以大大提高休闲蔬菜食品的品质,为做出更多消费者认可的原料提供基本条件。

二、原料处理科学化

对蔬菜原料的处理,需要改变原来的一些非法添加的现状,要利用科学的手段对原料进行处理,而不是一些低价不科学的做法,杜绝不健康的蔬菜食品处理办法。如一些蔬菜制品需要进行腌制处理,而一些蔬菜需要恒温冷藏,还有一些蔬菜需要冻藏,对原料的不同处理方式对做成休闲蔬菜食品至关重要。

三、加工流程合理化

休闲蔬菜食品的加工流程合理化,要求现在很多蔬菜加工企业进行改进,尤其是一些加工流程不科学不规范不合理的企业。如一些企业的蔬菜加工处理的配料不能执行标准量化添加,而是一些随意性较大的加工方式,对于蔬菜食品的品质影响很大;再如一些企业对腌制蔬菜原料的脱盐不规范,导致生产的休闲蔬菜食品品质不一,这样的情况在销售过程中不断出现,尤其是口感不一致极为明显。

四、环节可追溯

对于生产休闲蔬菜食品的各环节进行追溯,从每个环节找到出现味道不一致的原因,从每个环节找到消费者不认可产品的原因,将每个环节的细节和产品品质紧紧联系起来,为产品出类拔萃奠定基础。

第四节　蔬菜食品附加值提高

蔬菜制品的需求量不断增加使得蔬菜制品附加值大大提高，诸如香菇酱、香辣菜等都是不断提高附加值的蔬菜制品。在极少数畅销产品的带动下，休闲蔬菜食品的价位不断提高，消费需求的态势不断增长，对于消费者而言美味更为重要，高品质高价位是必然趋势，这样就会导致高品质的蔬菜原料种植，蔬菜的附加值因此不断增加。这也是未来食品发展的必然趋势，尤其是消费者对于绿色、有机蔬菜食品的需求将不断增多。

一、原料规模化加工成本降低

原料的规模化加工势必导致蔬菜食品成本降低，规模化效应将不断得到体现，尤其是一些大型休闲蔬菜食品品牌的发展将深挖原料规模化效应的现实。规模化加工将导致单位成本的下降，这并不是牺牲产品的品质，而是将多余的生产经营环节集约化，是生产水平不断优化的结果。

二、成品的附加值提高

原料的精深加工将导致附加值不断提高，尤其是畅销品牌的带动效应非常明显。如原来出口的香菇剪下的香菇脚曾经无人问津，售价每吨不足2000元，而今随市场上香菇酱的畅销，该原料已经涨到每吨近20000元，这就使成品的附加值不断提高的同时原料的附加值也在不断增高，这也是消费需求的必然趋势。

三、农业及农民生存技能提高

农业的不断发展是集中生产的体现，农民的素质和文化水平不断提高，蔬菜制品的原料要求也不断强化，农民的技能也得到提高。

四、农产品品牌的价值体现

随着休闲蔬菜食品的不断发展，农产品品牌的价值通过食品得到体现，尤其是一些特殊的香菇种植基地、金针菇种植基地、芦笋种植基地、藕生产基地等形成产品品牌的体现将会不断呈现。

第五节　蔬菜食品实现农业规模化经营

蔬菜食品实现年产值数亿元的品牌诞生，品牌的力量将不断推动多个休闲蔬菜食品品牌发展，带动一系列同行不断创业成为一个产业群，这将实现更多的农业规模化经营。良性竞争将推动蔬菜食品品牌的发展和壮大，规模化效应也将让全社会不断投入新兴资源进行研究，让蔬菜产业不断高速发展。

一、重点龙头企业带动

蔬菜食品的发展在于重点龙头企业的带动，这是蔬菜食品行业茁壮成长的关键，也是未来蔬菜食品发展的必然。如辣椒产业在遵义通过农业产业化带动企业年产值近 60 亿元，宜昌在魔芋龙头企业带动下也实现数十亿元年产值，新疆的辣椒丝也是一样成为行业的奇迹，这样的例子会越来越多。

二、规模化农业效益

规模化种植的效应将不断得到体现，如甘肃地区土豆的种植不断提高产量和质量，成为高品质的土豆泥供应基地。

三、标准化经营

经营的标准化可大大降低农业的劳动力使用，最大限度地提高生产效率，将成为一些地区不断开展创新农业的现实，唯有标准化才能更好地实现农产品的精深加工，使其成为高品质食品原料。

四、产值增长体现

随着社会需求的不断扩大化，高品质的蔬菜食品生产将是未来休闲蔬菜食品产值增长的体现，也是不断吃好的消费需求态势，产值增长必然消耗消费的走势。

第六节　研发安全健康美味的蔬菜食品满足消费需求

如何研发安全健康美味的蔬菜制品，这是未来的发展趋势，诸如食品加工过程在不添加防腐剂的条件下，采用无菌生产技术、超高压杀菌技术、天然食品原料防腐技术、改善加工工艺抑菌技术等，实现安全健康美味的消费需求，这与未来食品发展的趋势是一致的。休闲蔬菜食品只有做到安全健康美味，才能让更多消费者重复购买。

一、安全是休闲蔬菜食品研发的根本

休闲蔬菜食品的安全取决于三方面：一是原料的安全，二是加工过程中的安全，三是销售过程中蔬菜食品的安全。做到这三方面才能保证休闲蔬菜食品的安全。如一些香辣土豆片在销售过程中变味变酸，一些金针菇在销售过程中发酸，一些竹笋在销售过程中出现烂味等，这些产品都存在一些安全隐患。

二、健康是休闲蔬菜食品的必然趋势

健康是休闲蔬菜食品存在的意义，而一些不健康的食品需要在生产及研发过程中进行处理，确保其健康。如一些腌制的蔬菜制品含有大量的亚硝酸盐，如何将这些亚硝酸盐降到最低才是研究健康蔬菜食品发展的必然趋势，也是消费需求的必然结果。

三、美味是休闲蔬菜食品持续发展的必然

在人的味蕾越来越敏锐的年代，好味道将一路畅销，而一般味道将寸步难行，只有美味才能让休闲蔬菜食品的经营连续下去，也是蔬

菜食品持续发展的必然。美味成为企业发展的关键因素，消费者认可的美味将会不断获得市场占有率，不好的味道将成为浪费包装、原料、人力物力财力的罪魁祸首。

四、满足更多消费者的需要才是必然趋势

当下一些企业根据市场上别人畅销的产品做产品，产品卖得一塌糊涂，投入人力物力而颗粒无收，究其原因就是没有满足消费者的需求，只会跟风滥造。从消费者需求找出路，从满足消费者需要入手，做产品的路子才能越来越好走。而过去模仿的思路基本上是荒谬的，不能满足消费者真实需求的产品，消费者不认，价格再低也没用，更不会有多大的建树。

第二章　休闲辣味蔬菜食品

休闲蔬菜食品多以鲜味为特征，但是传统的鲜味已不能满足消费者的需求，刺激的辣味成为休闲蔬菜食品的发展趋势。

第一节　香甜酸辣

长时间流行的香辣味，以不添加辣椒、花椒实物而具有麻辣风味为特征，这也是现在很多香辣味的蔬菜呈现的现状。也有极少数川味辣椒调味形成的香辣系列蔬菜制品，以辣味为主麻味次之，这也是香辣菜系列产品的特点，风味始终围绕香辣成为蔬菜系列的产品特征。如何有效利用香辣系列原料，实现香辣持久是关键。

一、微辣

微辣的特点在于辣味的延长缓慢持久而不是辣味的减少，很多人认为调配辣味过程中少加辣味物质就能办到，而实际上并不是这样的。微辣的调配在于辣味柔和不烈而持久，辣味的适口感较好，往往这样的微辣食品被广大消费者接受，也是调味发展多元化的必然结果。

二、香辣

香和辣的结合成为香辣的特点，这是独具一格的香辣特征。香辣还要求甜酸咸的协调性较好，这是香辣味好吃的基础，也是一些香辣产品能够长时间立足市场的特点。香辣并不是一些挂在口头的香辣而是消费者吃到享受的香辣。香不需要体现香精香料很浓的香味也不需要体现香辛料很重的香味，而是淡淡的消费者熟悉的辣椒炒熟的香味或者是极少数特征明显的香辛料的香味，这就是香辣的特点所在，越是消费者熟悉的香味被消费者认可的概率越大，这也是香辣味的真实体现。

三、甜辣

以丰富甜味作为回味的甜辣是这一类产品的特点，是一些辣味食品的发展趋势，也是香辣味多元化的必然趋势。

四、酸辣

典型酸辣成为极少数创新风味，尤其是留味时间较久的酸辣成为这一类食品的典型特征，酸辣体现在回味持久不衰，长时间得到口感的满足，这样的酸辣才是新型香辣的创新。

五、其他辣味

现在流行的糊辣香味成为香辣的又一个传奇，极少数产品通过这样的香辣成为香辣的一大创新，备受广大消费者欢迎。

第二节　麻辣

麻辣可口改变了传统的麻味重的特点，以清香的麻辣或者是厚重的麻味出奇制胜。麻味不能让消费者讨厌才是出路，麻而自然，辣而有味。麻辣可口成为消费者多年消费需求的共性，这也是很多产品都能被消费者认可的原因，高品质的麻辣可口产品极少，这就导致大多数产品的价格不高，麻辣可口的畅销在于产品的精致打造。

一、麻而不辣

一类产品是麻而不辣，消费者接受麻味为主的原因是花椒及其提取物的口感奇特，尤其是青花椒提取物的使用让麻而不辣的一些休闲蔬菜食品拥有市场，这也成为麻辣的一个开发动向，未来麻而不辣的消费趋势也较为明显。

二、麻麻辣辣

麻辣的结合体现在以肉味作为基础来调制麻麻辣辣的休闲蔬菜食品的口感,很多人认为其研发过程是极其简单的一件事,但是不简单在于没有丰富的肉味基础的麻麻辣辣口感极其淡薄,只有在肉味调配的基础上赋予麻辣的明显特点才能实现麻麻辣辣的口感。当然,这也是麻辣食品发展到休闲蔬菜食品之时的新一代麻辣的新趋势。

三、辣而不麻

辣而不麻的休闲蔬菜食品极多,大多数休闲蔬菜食品均在这方面取得长足发展,也是香菇酱、香辣菜、金针菇这几个典型休闲食品的特点。凡是市场上畅销的这几个产品特点相当突出,均以辣而不麻称道,这也是休闲蔬菜食品产业化发展的突破口。

四、不麻不辣

具有消费者熟悉的麻辣香味,但是口感不辣不麻,这成为未来一些休闲蔬菜食品创新的特殊需求,这方面的创新不是所有食品企业都能做到的,只有极少数研发实力较强的企业才敢想象,也是麻辣休闲蔬菜食品升级的体现。

五、辣香麻辣

除麻辣特征明显以外还以辣香为主,尤其是类似火腿香味的辣香、类似烤香牛排香型的辣香、糊辣椒香型的辣香、青椒辣香型的辣香都可以作为休闲蔬菜食品的创新。

六、椒香麻辣

椒香体现复合椒香辛料的熟悉风味,这成为新麻辣特征的体现,也是休闲蔬菜食品风味多元化的必然。

七、清香麻辣

带有特征的清香如青花椒的清香、青花椒叶的清香、青花椒芽的清香、木姜子独特清香、茴香的清香、薄荷的清香、霍香的清香等是点缀麻辣的特点。清香的特点利用好将为麻辣新产品推广带来很多好处，尤其是消费者熟悉的风味，这是休闲蔬菜食品工业化发展的趋势，也是食品工业化发展的必然。

八、菌香麻辣

通过菌香来补充麻辣的香味，尤其是微微的菌的香味。其出奇制胜之处在于自然柔和的天然菌味，这是很多麻辣风味不具备的特点，是菌类休闲化的必然，也是有别于其他产品的独特之处。

九、豉香麻辣

将豆豉的香味赋予麻辣的特殊口感，直接应用于休闲蔬菜食品的开发，可以实现酱香独特的口感，这也成为麻辣个性化的创意之一。豉香的利用在于消费者多年来对于豆豉香味的熟悉认知，这样香味的麻辣休闲蔬菜食品，消费者接受起来比较容易。

十、酸带麻辣

麻辣中微微带酸，是西北地区消费者需求的特点，是麻辣风味休闲蔬菜食品源于消费需求的口感而进行创新的现实，也是消费需求的必然趋势。

第三节 山椒特色

将鸡肉香味、山椒香味、特有辣味、泡酸菜酸味、蔬菜味结合成为山椒特色，使得诸多蔬菜制品风味化形成鲜明的一派。山椒味的好坏在于消费者的熟悉程度，尤其是清香的山椒风味是消费者的首选。经典的风味在于酸、辣、甜、咸、香、鲜的结合，这是山椒特色不断在休闲蔬菜食品之中获得消费者认可的原因之一,也是休闲蔬菜食品不断呈现山椒特色的事实。

一、泡椒凤爪风味

独具一格的泡椒凤爪风味作为休闲蔬菜食品的调味不断获得成功,若不是在低价的恶性竞争之中,这一风味的产品将不断被消费者重复购买,也是一个风味带动一个品牌的现实。

二、山椒本味

山椒作为调配休闲蔬菜食品,让很多同类食品畅销是必然的,但是由于消费者对山椒形成的特点认可率不同,因此做出的山椒风味也就大相径庭。当前野山椒本味凤爪是所有泡椒凤爪之中销售最好的口味,也是凤爪类别中价格最高的品种,通过对几个泡椒凤爪生产企业的技术指导进行研究,现在特提出有关野山椒凤爪调味的核心技术及其应用于山椒本味的研究要点。由于野山椒的市场销售价不断增高,北方一些地区对野山椒风味的需求增加,目前野山椒风味的食品都在快速增长。针对这一现状,专家们对野山椒风味金针菇、野山椒风味竹笋、野山椒风味猪皮、野山椒风味蕨菜、野山椒豇豆、野山椒木耳等系列产品十分关注,渴求在新产品研发和市场需求进行合作,研发最有价值的野山椒风味特色休闲食品。

1. 山椒本味食品的生产工艺

对野山椒风味的凤爪进行调味,对于生产一流的野山椒凤爪来说至关重要,目前推出最有效的野山椒本味生产工艺:

原料→处理→清洗→熟化或者不熟化→调配→整理→山椒本味食品

具体的生产工艺介绍如下:

(1)原料的处理

不同的原料需要进行不同的处理方式,一些需要增脆的原料需要经过盐水浸泡,浸泡一段时间之后食用的蔬菜比较脆,但是浸泡时间过长并不一定脆,要根据需要的口感进行处理。例如新鲜萝卜皮经过盐水浸泡 12h 之后直接取出，脆度比较理想。冷藏也可以提高蔬菜的脆度，大大改善食用的口感。

（2）清洗

将蔬菜制品清洗到可以直接食用的程度即可。

（3）熟化

根据消费者需要将其煮熟，若是直接食用或者是一周内食用，可以不需要煮熟，这样改变休闲蔬菜食品的山椒本味，尤其是添加少许熟食肉类进行调味，效果更加理想。

（4）调配

根据口味需要添加复合调味料或者分别添加一定比例的各种调味料，为保证消费者认可需要严格按照配方比例执行。

（5）整理

可以采用不杀菌或者杀菌。不杀菌为短期使用或者低温储存，这样可以大大改变蔬菜制品的口感，同时也可以采用山椒本味溶液泡制后直接食用。高温杀菌根据市场需求进行处理即可。有的特殊蔬菜制品特别建议采用辐照杀菌效果较好，这样既可以改进口感，又可以最大限度杀死细菌，保证了山椒本味的品质。

2. 山椒本味核心调味技术

山椒本味的调味不同于泡椒凤爪，野山椒风味要求辣味为主，微酸味柔和，是最有特色的甜酸独到口感。其核心风味来源于以下几方面。

（1）后味以鸡肉味为主

将市场上的畅销山椒本味和一般山椒风味作对比，效果非常明显。也就是说鸡肉风味的品质决定着山椒风味本味的好坏，决定着山椒本味在市场上的走势。高品质的鸡肉后味原料必将成就特色化山椒本味产品，这就是如今野山椒本味在中国市场上一枝独秀的原因，也是同样 100g 山椒本味食品销售价在 2 ~ 4 元，精品销售价在 4 元以上的原因。

（2）山椒本味的核心调配

目前，辣味为主的野山椒风味的调味成本极高，导致目前研发的新型山椒本味很难在市场上销售。根据市场需要,研究纯正野山椒风味的专用配料应用及其核心技术转让,在一些生产山椒风味的企业获得成功。高品质山椒本味的专有配料主要特点是:具有酸味、辣味、无色、清香。天然级山椒本味原料是目前国内唯一一个专用于山椒本味系列食品开发的新型食用配料。将之用于山椒风味食品可以大大降低山椒风味食品的生产成本,在同样风味的情况下,采用高品质山椒风味专用配料便于工业化生产且成本具有非常大的优势。高品质山椒风味专用配料价格高、用量少,是当今最先进的野山椒风味的核心研发原料,它的诞生来源于野山椒发酵过程产生的辣味和酸味的有效成分高度浓缩。先进的专业食品配料必将带动更好的风味化食品快速发展,高品质山椒风味专用配料可以大幅度降低生产成本且达到该风味很好的效果。唯有高品质山椒风味配料才是山椒本味畅销的源泉,也是未来发展的必然趋势。

三、清香山椒

藤椒等多种清香型的山椒风味休闲蔬菜食品,是未来休闲蔬菜食品在山椒风味基础上衍生的一系列新产品,也是不同清香带辣味的体现。

四、鸡香山椒

鸡香山椒只是在山椒口感的基础上微微增加特征比较明显的鸡香,主体还是以山椒味为主,这样将给休闲蔬菜食品风味化增添新味型。

五、怪味山椒

在山椒的风味基础之上赋予不同的酸甜特征,满足消费习惯的差异性,这就是所谓的怪味山椒风味,这可以为休闲蔬菜食品的调味作参考。

六、山椒牛腩风味

在山椒味的基础上赋予牛腩特殊的口感和滋味，在山椒味与牛肉味的基础上形成一个独特的载味体，让山椒味更加厚实，这也是将山椒风味进行创新应用于休闲蔬菜食品的实例，对于部分休闲蔬菜食品帮助极大。如某一休闲竹笋以这一味道在局部地区畅销。

七、山椒猪皮风味

山椒风味赋予猪皮特殊的口感，将之应用于休闲蔬菜食品的研发口感出奇独特。虾、牛筋、牛蛙、牛肚、鸭肠等均有这方面独特修饰休闲蔬菜口感的特点，利用好将达到蔬菜的口感优于猪皮等的口感。这方面无论是工业化的产品还是餐饮食品方便菜等都有很好的研究价值和消费需求的现实意义。

八、山椒鱼肉风味

将鱼肉独特的鲜味与山椒风味结合，出奇在于鲜味的不同，鱼肉以外鱼皮也有良好的效果。这应用于休闲蔬菜食品效果奇特。

九、山椒青菜

青菜独特的口感赋予山椒的体现，成为蔬菜制品休闲化的创新之作，其他蔬菜原料也可实现这样的应用。

十、酸菜山椒

根据酸菜的发酵时间和酸度不同做出的山椒风味差别很大，因酸菜所发酵的地区不同，山椒风味也不一样，这一独特的应用风味化较广，不仅仅是蔬菜休闲调味，还可以用于多种未来素肉结合的复合调味，尤其是独特的口感将成为创新。如东北酸菜山椒风味休闲化、湖南酸菜山椒风味休闲化、四川酸菜山椒风味休闲化等，这些都是休闲化蔬菜的发展趋势。

十一、泡青椒山椒

泡青椒实现山椒风味休闲化，这是原来泡红椒以外的创新。这样的蔬菜口感和香味完全发生改变，是未来新产品创新的思路。

十二、藤椒山椒

山椒特点采用藤椒香味来点缀，能够满足更多消费者的需要，将天然香味不断推广，使风味多元化，是未来休闲蔬菜食品的典型风味。由于山椒味在制作过程需大量的泡制原料使其风味的成本提高，根据这一餐饮特点我们将餐饮过程中浪费的大量的风味物质做成一个标准化的山椒风味休闲蔬菜调味料，调味过程中只需要按照调味原料的多少加入这一调料搅拌均匀即可。这样节省了大量泡制过程中浪费的原料还实现了风味的标准化，同样可以实现杏鲍菇、花生、竹笋、海带、牛蒡、白菜、黄瓜、土豆片、藕片、金针菇、萝卜、鱿鱼、海白菜、猪蹄、蘑菇、蕨菜、橄榄菜、莴笋等山椒风味化标准化调味料，这些都大大降低了泡在水中浪费掉的鲜味剂、香味剂、咸味剂、香精香料、辣椒油树脂。尤其是缓慢释放风味技术的广泛应用大大改变了山椒风味呈味和生产过程的现状。

十三、烤香山椒

山椒的口感赋予烤香成为一些休闲蔬菜食品创新的思路之一。烤香的特点在于不需要明显的香精味，而是需要淡淡的烤香味。这对于休闲蔬菜食品风味创新至关重要，尤其是利用消费者熟悉的烤牛肉香、烤蒜香、烤鸡香等风味化原料进行创新。

十四、香辣山椒

采用不同的香辣特征赋予山椒的口感，这将实现山椒风味具有辣椒香味、花椒香味、麻辣香味、牛肉香味、鸡肉香味等山椒口感的特征，是消费者熟悉的容易接受的香辣特点。

十五、烧烤山椒

在山椒口感的基础上赋予烧烤特点，这将是山椒创新用于蔬菜休闲化的趋势，消费者熟悉的烧烤香味和山椒口感的结合，成为这一风味创新的源泉。

十六、红油山椒

独特的红油香味将山椒的口感衍生成为复合型的酱卤特点、麻辣特点，这里需要的是红油香味的持久不变，红油的色泽和入味能力要经得起产品的考验。糊辣椒香型的创新红油使用，让红油山椒的特点将会不断出现利用价值，将会让更多这样复合味的产品满足消费者的认可，这也是山椒风味不断被优化的原因之一。

第四节　酸辣点缀风味

在辣味的同时采用少许酸味来点缀，成为一些蔬菜制品的调味修饰。这也是一些香辣金针菇调味应用不能直接用于香辣竹笋的原因。有诸多蔬菜制品的调味均要做适当的调整才能使风味比较完美，不是说一个配方调什么蔬菜制品都可以，加调味杏鲍菇和牛肝菌就有很大区别。酸辣点缀成为休闲蔬菜食品的创新之一，更多休闲蔬菜食品都在这方面有所改变，这也是消费者需求的真实写照。

一、酸甜结合

酸与甜的结合才是酸辣特点的体现，更多休闲蔬菜食品都在甜味方面下功夫，不同的甜味来源取到不同的效果，采用不同的甜味可以得到不同的口感，这对于酸辣特点尤为重要，也是多种甜味优化的结果。甜味来源于天然植物提取类、化学合成类，这两类的口感差别较大，尤其是天然的原料不一样所带来的甜味优劣不同，这对于产品的口感区别极大。

二、辣而持久

辣而持久在于辣味的来源，对于传统的辣椒提取物不可能实现辣味持久，而是将辣椒提取物改为鲜辣椒提取物的口感，这大大改善了辣味的延长性，再进一步将复合香辛料来延长辣味，这就给现有的休闲蔬菜食品带来新的变化，辣味持续时间长短成为产品优劣的体现，辣而持久才是关键。

三、酸辣不麻

酸辣不麻给休闲蔬菜食品带来良好的口感，尤其是金针菇等菌类休闲食品的创新在这方面大大改进成为特色产品。

四、爽口酸味

爽口的酸味在于酸味能够回味持久，尤其是天然发酵的酸味成为该特点的体现。部分产品在局部地区畅销的原因也就是独特的酸味。爽口也成为消费者需求的标志。有的消费者喜爱泡菜的地道酸味，这为休闲蔬菜食品的调味带来新的变化，而不是添加一些柠檬酸、醋酸等酸味剂所能实现的。

五、柔和酸辣

柔和的酸辣特点在于独特的香辛料结合姜类、葱类的口感，改变原来的辣味，这就是消费者熟悉的酸辣经典创新，这对于休闲蔬菜食品调味至关重要。

第五节　辣香结合

辣味奇特、香味自然成为蔬菜制品品牌给消费者最好的记忆，也是香与辣有机结合为消费者接受的前提。如厨房炒菜油炸辣椒的香味在蔬菜制品中的体现和辣椒辣味的结合，再如辣椒烤焦的糊味和辣椒辣味的结合，再如泡辣椒的辣味和香味的结合，这些都是成就极少数品牌的典范。

一、辣椒天然香

天然的香味浓而不烈，持久留香，而不是香精香料浓香闷人的气味。天然的辣椒香味是众多消费者熟悉的香味，也是休闲蔬菜食品立足市场的必然趋势。

二、辣椒烤牛肉香

一些辣椒品种具有烤牛肉香味，这成为部分休闲蔬菜食品被消费者认可的前提，这也是消费者熟悉的风味产业化的体现。实际风味来源于辣椒香味，是高新技术在风味研究方面应用的特点，这有别于一些合成的香味特点，而是天然醇香，持久记忆。

三、辣椒火腿香

辣椒的独特风味产生的火腿香味在于辣椒具有不同的香味基础物质，这些物质在加热过程中与空气在一定程度进行反应，形成火腿香味，具有这一风味特征的香味必将给未来的休闲蔬菜食品调味增添更多优势，这也是辣椒的精深利用价值体现。

四、糊辣椒香

糊辣椒香味已经成为部分品牌畅销的关键，众多同行都在不断模仿，苦于糊辣椒形成香味的关键技术难于突破，这就导致糊辣椒香味的变化成为调味的难点。更有甚者是无法详细地知道糊辣椒香味的产生过程，亲自到传统的糊辣椒生产过程去感受体会，结果是生产的过程糊辣椒香味很浓，但是产品上市之后糊辣椒香味荡然无存，在很多同行看起来很简单的问题实际上并不容易，如何实现糊辣椒香味持久保留才是根本，再就是经过高温高压杀菌之后仍然保存完好的胡辣椒香味才是关键。

第六节　爆辣型湘渝风味

爆辣的体现在于辣味的强烈，真正将湘味传统发挥到休闲蔬菜制品之中，尤其是传统剁椒鱼头的爆辣味是休闲蔬菜开发的典型例子。同时也可以将重庆火锅的爆辣特点应用于调味休闲蔬菜制品之中。越接近于传统的菜肴风味的创新，成功的概率越大，无论调味过程多么艰辛，结果不能让消费者满意，这一切就是浪费，也是无用功。

一、剁椒鱼头香风味

独具一格的剁椒鱼头香味才是休闲蔬菜风味创新的意义，也是一些休闲吃法的不断升级，尤其是复合香辛料改变风味之后让消费者更加能够接受这一流行风味。无论是豆类、菌类还是蔬菜类都可大胆采用这一风味进行创新。尤其是湘西地区具有良好的消费基础。对这样的风味创新全国大多数地区都能接受。

二、重庆火锅的爆辣

将重庆火锅的爆辣用于创新休闲蔬菜食品的调味，这就是一些口号上面的火锅味，实际上是传统富有记忆的辣味延续，也是经典的风味传承。

三、薄荷香型爆辣

爆辣的同时采用薄荷香型进行创新，将清香的辣味进行改善，大大改变原来的辣味体现，这也是新派的休闲蔬菜食品的发展趋势。

四、茴香型爆辣

清香茴香型爆辣完全将一些少数民族典型风味进行创新，改变了原来的风味，这对于休闲蔬菜的调味是一大创举。

五、青花椒型爆辣

青花椒型的爆辣完全不同于其他风味，这对于藤椒味或者青花椒味是不断改善的结果，也是未来的发展趋势，尤其是独特的清香较为明显。青花椒香型是当下最为流行的特征之一，如何利用好这一特点将一个单品改善成为消费者都喜爱的产品才是做休闲蔬菜品牌的关键，大多数这样的产品没有深度研究，都是粗造滥仿。原本青花椒的香味就很复杂，要想利用好这种香味并不是简单的调味，而是利用青花椒的叶、茎、芽、油囊等来实现消费者熟悉的青花椒香味，很多市场上的青花椒风味并不是消费者都认可的原因也是如此。高品质的青花椒香味研发成为这一风味的突破，也是竞争的有力保证。干的青花椒与鲜的青花椒区别极大，香味和口感均存在极大差别，由于产地不一样而区别还更明显，这就给青花椒香味的创新带来生机，也是做出一流香味产品的必然。

第七节　复合辣味

将辣味原料进行有机结合，使辣味持久，留香时间久，风味自然，这是一些香辣味持久不衰的原因。复合的辣味并不是辣椒就能解决的，还需要多种不同香辛料的搭配，尤其是具有辛辣特征口感的洋葱、大蒜、生姜、胡椒、良姜、辣芋、芥末等作用相当关键可以做到辣味的连续化。

一、辣而持久一条线

辣而持久形成一条线，这是一些畅销产品的口感特点，不在于原料的好坏而在于口感的连续性。这就给畅销产品带来新的可比性。经过多年调味对比的实践发现，不是所有好吃的食品都是一条线，但是口感形成辣味一条线的食品一定会非常好吃。多年调味研究将这一特点作为调味的一个特征，算是调味的一个升级。很多休闲蔬菜食品在对比过程中味道消失极快而不是一条线。在休闲蔬菜食品之中辣味成一条直线的都比较畅销。大多数好吃的食品都与这个一条直线的口感接近，这除了适用于休闲蔬菜食品调味以外还适用于所有的食品调味。在对比过程中会发现口感不连续，风味不协调，回味不持久，这就是调味必须遵循一定原则的原因所在。辣而持久一条线的口感与辣味的强度无关，这也就是一些清淡的微辣或者不辣的蔬菜食品仍然需要口感形成一条线的原因，这就给同样的产品赋予不同的口味，消费者接受程度较高。

辣而形成一条直线新型辣味油生产新技术介绍如下。

新型高品质复合调味辣味油采用图 2-1 所示的流程进行。该流程做出的辣味油在图中称无渣底料。

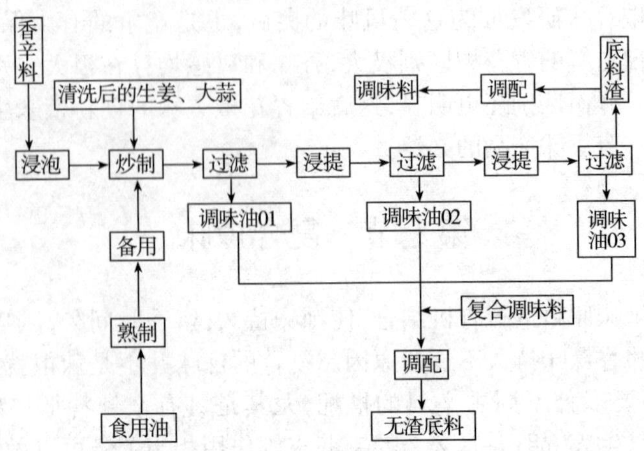

图 2-1　新型高品质复合调味辣味油生产工艺流程

以含水的香辛料为主，将香辛料及其呈味原料充分利用，生产出无渣底形式的复合调味油用于调配休闲蔬菜食品即可食用，也可将煮熟的菜肴放入其中食用，还可以作为标准化休闲蔬菜蘸料油食用，成品也可以是常规使用调味的复合香辛料油或者标准化程度极高的复合调味油状香料，其次是复合调味油以外的渣调配成为调味料可以用于拌菜、蘸料、配料等多种用途。这样的复合香料油只需按照一定比例添加即可，不需再添加其他原料即可食用，无论冷热食用均可，调味料的成本大大降低，原料的利用率极高。该复合香辛料油将香味溶解到水中成为主要原料，再将水中的香味物质通过加热转移到油中，再经过多次浸提，得到的复合调味油口感极佳，用量极少，成本极低，调味优势明显。这样的口感吸引数以亿计的消费者，这也是不断成就休闲蔬菜食品创新的因素之一，也是让口感说话的最好体现。

二、辣而适口

辣而适口在于不干辣，吃起来口感比较熟悉，大多数能接受，而不是过去的辣味强度之说。对于百吃不厌往往不是辣度的高低而是辣味的适口。一些休闲蔬菜食品辣而强烈，完全谈不上适口。

三、辣而经典

吃后有记忆是休闲蔬菜食品在辣味上创新的关键，也是休闲食品创造能不能成功的关键。大多数吃后没有记忆的休闲蔬菜食品无论价格还是回头客都不尽如人意。

第三章　休闲蔬菜制品生产工艺与配方

第一节　休闲调味金针菇

主要以香辣为主的金针菇可以实现泡椒、牛肉、鸡肉、麻辣、烧烤、青椒、微辣、特辣、酸辣等系列化风味,呈现系列香味产品。

一、休闲调味金针菇调味增鲜新技术

畅销的调味金针菇主要是采用复合调味对金针菇呈味、增味、留香、肉味结合等调味技术,对于如何调味出市场认可的休闲小吃金针菇一直是多家调味菇业的目标。通过多年的调味经验将其鲜味增鲜新技术、新措施提供给金针菇调味者参考,同时大家可以共同探讨,深入研究。

1. 休闲调味金针菇调味鲜味物质的分类

调味增鲜是复合调味不可不考虑的部分,其主要呈现鲜味物质的种类有以下几种。

(1)氨基酸类增鲜物质

谷氨酸钠、I + G、琥珀酸二钠、谷氨酸盐类均是氨基酸类增鲜物质,也是现代调味常用的调味增鲜原料,在调味金针菇调味过程中可以大量使用。味精一般为调味金针菇产品的4%,谷氨酸钠和I + G、琥珀酸二钠等复配得到复合的氨基酸鲜味,可以使调味金针菇的口感增鲜。

(2)肉类增鲜物质

在增鲜类物质里有肉类蛋白,诸如猪肉提取物、鸡肉提取物、牛肉提取物等,具有增鲜的肉鲜特效增鲜物质。肉类增鲜可以使调味金针菇鲜味突出,而不是单一的鲜味,尤其是鸡肉类和猪肉类增鲜物

质在调味金针菇中可以使鲜味比较厚实、醇和。

(3)菌类增鲜物质

野生香菇、松茸、牛肝菌等由于生产环境特殊，富含菌类增鲜物质。这是一些新型复合调味品特色增鲜的呈鲜物质。这些物质也是菌类抽提物的一部分，在金针菇调味之中很少使用这类物质。

(4)蔬菜类增鲜物质

蔬菜类鲜味物质以清淡鲜味为主，青葱、青菜等清淡呈鲜物质在金针菇调味之中应用可以使鲜味呈现蔬菜类的口感，这是极少数调味金针菇采用青葱、洋葱类抽提物调味的特征。

(5)酵母抽提增鲜物

酵母抽提物在增鲜过程中可以发挥一定的强化鲜味的作用，面包酵母和啤酒酵母的抽提物呈鲜的效果不一样，在一些调味金针菇之中有的使用少量酵母抽提物进行调味。一般情况下使用量在调味金针菇总重量的 0.2% 以下，我们根据实验得出的结果是 0.06% 的酵母抽提物对调味金针菇的增鲜效果最好。

(6)发酵增鲜物质

调味金针菇在添加一些发酵类增鲜物质也可以提高鲜味，或者添加一些发酵类提取物即可增加金针菇的鲜味，这是一些特色化的金针菇调味的创新。如在泡椒风味金针菇之中添加 0.2% 的发酵泡辣椒，可以提高金针菇的鲜味，这样的增鲜效果远远不像其他增鲜物质那么明显，但是这一特色的增鲜在调味过程中有着不可替代的效果。

(7)海鲜类增鲜物质

海鲜类物质随着海鲜类动物的生命状况不一样，其鲜味也不一样，死鱼和健康状况不一样的鱼及其鱼的品种不一样所加工的鱼类增鲜物质增鲜效果不一样。虾、蟹类增鲜提取物、淡菜提取物、紫菜、海带提取物的增鲜效果也大不一样。对于海鲜类物质在金针菇调味方面可以起到非常理想的鲜味复合，这也是鲜味物质在海鲜类动物之中的体现。

(8)水解蛋白类增鲜物质

水解大豆蛋白、水解小麦蛋白等均可在一定程度发挥增鲜作用，在调味金针菇时均可以0.2%的比例使用，这样效果会更好。

2. 休闲调味金针菇调配鲜味物质的复配

对于以上鲜味物质合理复配，即可大幅度提高调味金针菇的鲜味，我们根据鲜味物质的呈鲜状况和鲜味物质的特点，经过多次实验即可得出复合增鲜最佳比例的复配配方，再将这样的复配鲜味物质应用到调味食品之中，可以得到很好的效果。

经过反复实验、数百次验证证明，其鲜味物质复配最佳配方见表3-1。

表3-1 休闲调味金针菇调配鲜味物质复配配方

原料	生产配方/kg	原料	生产配方/kg
酵母抽提物	5	鸡纵菌抽提物	2
水解植物蛋白	15	谷氨酸钠	20
香葱提取物	0.3	I+G	3
甘草提取物	2	鱼肉抽提物	1
鸡肉抽提物(专供)	12	蘑菇提取物	15
猪肝提取物	4	琥珀酸二钠	0.2
猪肉纯粉(专供)	11	淡菜提取物	4
松茸抽提物	5		

以上配方配料适合于金针菇调味增鲜专用，是复合调味香辣金针菇增鲜的有效途径。对于多种物质增鲜的复配最佳效果是要通过实验，在生产的复合调味食品之中进行检验的。这是在多年研究增鲜调味基础上诞生的优化复合调味料，具有口感纯正、鲜味奇特、不发干、适口性较好等特点。它可以作为其他菌类或者休闲蔬菜类复合增鲜调味参考。

二、休闲调味金针菇生产工艺流程

1. 休闲调味金针菇生产工艺

金针菇→盐渍→浸漂脱盐→预煮→脱水→调配→计量→包装、真空封口→平整→杀菌→风干→冷却→装箱→麻辣金针菇成品→检验→喷码→检查→装箱→封箱→加盖生产合格证→入库

2. 休闲调味金针菇调味料生产工艺

将复合香辛料调味油、水溶性辣椒精、油溶性辣椒精、花椒油树脂、香辛料树脂、色拉油、乳化类咸味香精香料、热反应咸味香精香料、复配粉咸味香精香料、咸味剂、鲜味剂、香味剂、酸味剂混合均匀，待调配时添加。

三、休闲调味金针菇生产技术要点

1. 辣椒油制作

将植物油加热到160℃，倒入放好整粒的辣椒、花椒之中，熟制后存放2日之后使用，通过辣椒和花椒的香味体现天然的香味，辣椒采用二荆条、花椒采用大红袍为佳；辣椒油的香味取决于辣椒的品种、产地、品质、成熟度，花椒的品种、产地、品质、成熟度，食用油的质量，食用油的温度，加热反应的程度。同样的配方和操作，可使辣椒油的口感和香味不一样，这就在于制作的细节方面控制做到一致性。

2. 脱盐之后煮熟

将金针菇煮熟或者不煮熟直接调味，关键是盐的含量要很清楚。不能出现调配的金针菇返咸的情况。如果是新鲜金针菇，直接煮熟即可。

3. 脱水

采用离心脱水，便于更进一步调味。

4. 调味

称量后按照一定比例添加缓释鸡肉粉搅拌均匀，再添加谷氨酸钠、白糖、食盐、柠檬酸、乙基麦芽酚、I + G、山梨酸钾等搅拌均匀，再加入辣椒油及其香精等搅拌均匀。

5. 真空包装

根据需要进行包装,也可采用拉伸膜包装。

6. 杀菌

100℃杀菌12min。

7. 冷却

快速冷却,可让产品口感更好。

四、休闲调味金针菇的生产配方

1. 休闲调味增鲜金针菇配方(表3-2)

表3-2 休闲调味增鲜金针菇配方

原料	生产配方/kg	原料	生产配方/kg
金针菇	20	天然增香配料	0.0002
食用色拉油	2	乳酸	0.003
白砂糖	0.4	天然辣椒提取物	0.03
增鲜专用复合调味料	0.05	青花椒提取物	0.02
辣椒红色素	0.001	山梨酸钾	按照国家相关标准添加
缓慢释放风味肉粉	0.002	脱氢醋酸钠	按照国家相关标准添加
谷氨酸钠	0.4	口感改良剂	按照国家相关标准添加
食盐	0.38	品质稳定剂	按照国家相关标准添加
I+G	0.02		

产品特点:肉鲜味突出、回味明显、鲜香醇和。

2. 休闲调味香辣金针菇配方1(表3-3)

表3-3 休闲调味香辣金针菇配方1

原料	生产配方/kg	原料	生产配方/kg
金针菇	20	I+G	0.02

续表

原料	生产配方/kg	原料	生产配方/kg
食用色拉油	2	天然增香配料	0.0002
白砂糖	0.4	乳酸	0.003
天然辣椒香味提取物	0.0002	天然辣椒提取物	0.03
鲜辣椒提取物	0.06	青花椒提取物	0.02
辣椒红色素	0.001	山梨酸钾	按照国家相关标准添加
缓慢释放风味肉粉	0.002	脱氢醋酸钠	按照国家相关标准添加
谷氨酸钠	0.4	口感改良剂	按照国家相关标准添加
食盐	0.38	品质稳定剂	按照国家相关标准添加

产品特点:香辣特征口感和滋味明显,是市场上流行的金针菇配方之一。

3. 休闲调味香辣金针菇配方2(表3-4)

表3-4　休闲调味香辣金针菇配方2

原料	生产配方/kg	原料	生产配方/kg
金针菇	100	白砂糖	2.3
谷氨酸钠	0.9	麻辣专用调味油	0.02
食盐	3.5	辣椒风味香精	0.002
鸡粉	0.5	辣椒红色素150E	适量
柠檬酸	0.2	山梨酸钾	按照国家相关标准添加
辣椒油	3.2	脱氢醋酸钠	按照国家相关标准添加
I+G	0.04	口感改良剂	按照国家相关标准添加
乙基麦芽酚	0.002	品质稳定剂	按照国家相关标准添加
水溶辣椒提取物	0.3		

产品特点:具有独特的香辣味。

鸡粉的质量决定该金针菇的口感,这是金针菇休闲小吃成为市场精品不可忽视的核心技术之一。

4. 休闲调味香辣金针菇配方3(表3-5)

表3-5 休闲调味香辣金针菇配方3

原料	生产配方/kg	原料	生产配方/kg
脱水后的金针菇	100	鲜辣椒提取物	0.3
木姜子油	0.1	白砂糖	2.3
谷氨酸钠	0.9	麻辣专用增香调味料	0.02
食盐	3.5	辣椒天然香味物质	0.002
肉味粉	0.5	山梨酸钾	按照国家相关标准添加
柠檬酸	0.2	脱氢醋酸钠	按照国家相关标准添加
辣椒油	3.2	口感改良剂	按照国家相关标准添加
I+G	0.04	品质稳定剂	按照国家相关标准添加
乙基麦芽酚	0.02		

产品特点:具有天然的麻辣风味。

注意事项:通过不同的原料来改变休闲调味金针菇的口感,使其具有独特的风味,也是消费者需求的趋势之一。

5. 休闲调味香辣金针菇配方4(表3-6)

表3-6 休闲调味香辣金针菇配方4

原料	生产配方/kg	原料	生产配方/kg
脱水后的金针菇	100	鲜辣椒提取物	0.3
谷氨酸钠	0.9	白砂糖	2.3
鲜青花椒提取物	0.05	麻辣专用增香调味料	0.02
食盐	3.5	辣椒天然香味物质	0.002

续表

原料	生产配方/kg	原料	生产配方/kg
缓慢释放风味肉粉	0.5	山梨酸钾	按照国家相关标准添加
柠檬酸	0.2	脱氢醋酸钠	按照国家相关标准添加
辣椒油	3.2	口感改良剂	按照国家相关标准添加
I+G	0.04	品质稳定剂	按照国家相关标准添加
乙基麦芽酚	0.02		

产品特点:具有清香花椒香味和持久花椒口感的香辣风味,可以作为新风味的香辣金针菇创新。

6. 休闲调味香辣金针菇配方5(表3-7)

表3-7　休闲调味香辣金针菇配方5

原料	生产配方/kg	原料	生产配方/kg
脱水后的金针菇	100	鲜辣椒提取物	0.3
谷氨酸钠	0.9	白砂糖	2.3
糊辣椒提取物	0.002	麻辣专用增香调味料	0.02
食盐	3.5	辣椒天然香味物质	0.002
缓慢释放风味肉粉	0.5	山梨酸钾	按照国家相关标准添加
柠檬酸	0.2	脱氢醋酸钠	按照国家相关标准添加
辣椒油	3.2	口感改良剂	按照国家相关标准添加
I+G	0.04	品质稳定剂	按照国家相关标准添加
乙基麦芽酚	0.02		

产品特点:具有糊辣椒特征的香辣风味。

7. 休闲调味香辣金针菇配方6(表3-8)

表3-8 休闲调味香辣金针菇配方6

原料	生产配方/kg	原料	生产配方/kg
金针菇	20	增香剂	0.005
白砂糖	0.4	油溶辣椒提取物	0.002
食用色拉油	2	80%食用乳酸	0.003
增鲜剂	0.05	清香型青花椒树脂精油	0.0002
辣椒红色素10色价	0.001	山梨酸钾	按照国家相关标准添加
缓慢释放风味肉粉	0.022	脱氢醋酸钠	按照国家相关标准添加
谷氨酸钠	0.4	品质改良剂	按照国家相关标准添加
食盐	0.38	口感调节剂	0.0001
I+G	0.002		

产品特点:具有香辣特色清香型金针菇复合的辣味、香味和肉味。微酸是其口感的优势之处。缓慢释放风味肉粉的合理应用即将使香辣金针菇味道更加出色,肉感更持久。

8. 休闲调味香辣金针菇配方7(表3-9)

表3-9 休闲调味香辣金针菇配方7

原料	生产配方/kg	原料	生产配方/kg
金针菇	20	I+G	0.003
乙基麦芽酚	0.0002	增香剂	0.006
红葱精油	0.02	1%辣椒精	0.006
食用色拉油	2	80%食用乳酸	0.004
白砂糖	0.36	红葱香精香料	0.08
增鲜剂	0.08	清香型青花椒树脂精油	0.0002

续表

原料	生产配方/kg	原料	生产配方/kg
辣椒红色素 10 色价	0.003	山梨酸钾	按照国家相关标准添加
强化后味鸡肉粉状香精香料	0.02	脱氢醋酸钠	按照国家相关标准添加
谷氨酸钠	0.36	品质改良剂	按照国家相关标准添加
食盐	0.4	口感调节剂	按照国家相关标准添加

产品特点:葱香特征使其香辣、清香、肉味更柔和、持久,辣味长时间不消失是该调味的关键秘诀。

9. 休闲调味香辣金针菇配方 8(表 3-10)

表 3-10 休闲调味香辣金针菇配方 8

原料	生产配方/kg	原料	生产配方/kg
金针菇	20	洋葱粉	0.04
食用色拉油	1.6	增香剂	0.006
白砂糖	0.42	1%辣椒精	0.004
增鲜剂	0.04	80%食用乳酸	0.004
香菜香精	0.02	清香型青花椒树脂精油	0.0001
辣椒红色素 10 色价	0.002	山梨酸钾	按照国家相关标准添加
鸡粉	0.026	脱氢醋酸钠	按照国家相关标准添加
味精粉	0.5	品质改良剂	按照国家相关标准添加
食盐	0.4	口感调节剂	按照国家相关标准添加
I+G	0.002		

产品特点:具有特殊香菜香味、口感有别于其他风味的香辣金针菇的特点。

10. 休闲调味香辣金针菇配方9(表3-11)

表3-11　休闲调味香辣金针菇配方9

原料	生产配方/kg	原料	生产配方/kg
金针菇	20	I+G	0.002
食用色拉油	1.5	增香剂	0.005
烤牛肉液体香精香料	0.003	1%辣椒精	0.004
白砂糖	0.4	80%食用乳酸	0.003
增鲜剂	0.06	清香型青花椒树脂精油	0.0001
辣椒红色素10色价	0.001	山梨酸钾	按照国家相关标准添加
强化后味鸡肉粉状香精香料	0.02	脱氢醋酸钠	按照国家相关标准添加
谷氨酸钠	0.4	口感调节剂	按照国家相关标准添加
食盐	0.3	品质改良剂	按照国家相关标准添加

产品特点:使用烤牛肉液体香精香料的香辣金针菇非常多,但是风味差异较大。选用高品质的烤牛肉液体香精香料是香辣金针菇畅销的关键。

11. 休闲调味香辣金针菇配方10(表3-12)

表3-12　休闲调味香辣金针菇配方10

原料	生产配方/kg	原料	生产配方/kg
金针菇	20	I+G	0.002
食用色拉油	1.6	增香剂	0.006
烤鸡肉液体香精香料	0.003	1%辣椒精	0.004
白砂糖	0.36	80%食用乳酸	0.004
增鲜剂	0.09	清香型青花椒树脂精油	0.0001
辣椒红色素10色价	0.002	山梨酸钾	按照国家相关标准添加

续表

原料	生产配方/kg	原料	生产配方/kg
热反应牛肉粉状香精香料	0.02	脱氢醋酸钠	按照国家相关标准添加
谷氨酸钠	0.42	品质改良剂	按照国家相关标准添加
食盐	0.4	风味强化剂	按照国家相关标准添加

产品特点:烧鸡特色香味,并有热反应牛肉粉香料的后味,非常有个性。

12. 休闲调味香辣金针菇配方11(表3-13)

表3-13　休闲调味香辣金针菇配方11

原料	生产配方/kg	原料	生产配方/kg
食盐	50	增鲜剂	2
谷氨酸钠	40	酱香猪肉液体香精香料	0.5
I+G	2	烤香牛肉液体香精香料	0.5
色拉油	20	山梨酸钾	按照国家相关标准添加
金针菇	2000	脱氢醋酸钠	按照国家相关标准添加
白砂糖	15	1%辣椒精	0.2
柠檬酸	0.5	青花椒提取物	1
辣椒红色素10色价	适量		

产品特点:肉味比较突出的金针菇风味,也是畅销的复合调味配方。

13. 休闲调味香辣金针菇配方12(表3-14)

表3-14　休闲调味香辣金针菇配方12

原料	生产配方/kg	原料	生产配方/kg
食盐	0.4	增鲜剂	0.04

续表

原料	生产配方/kg	原料	生产配方/kg
谷氨酸钠	0.4	麻辣强化后味粉状配料	0.02
I+G	0.02	菌味液体香精香料	0.01
色拉油	0.9	山梨酸钾	按照国家相关标准添加
金针菇	20	脱氢醋酸钠	按照国家相关标准添加
白砂糖	0.5	1%辣椒精	0.2
野山椒提取物	0.02	藤椒油	0.12
辣椒红色素10色价	微量		

产品特点:将野山椒的辣味、菌味、藤椒香味复合成为一大特色香辣金针菇产品。

14.休闲调味金针菇调味料配方(表3-15)

表3-15 休闲调味金针菇调味料配方

原料	生产配方/kg	原料	生产配方/kg
谷氨酸钠	20	香葱提取物	0.3
I+G	3	酵母抽提物	5
琥珀酸二钠	0.2	水解植物蛋白	15
FD纯鸡肉粉	14	淡菜提取物	4
FD猪肉豚骨粉	15	鱼肉抽提物	6
松茸抽提物	5	蟹类提取物	10
鸡纵菌抽提物	2		

产品特点:该配方配料适合于特效增鲜专用,是复合调味的有效增鲜途径。对于多种物质增鲜的复配最佳效果要通过实验,在生产的复合调味食品之中进行检验。根据正交实验对鲜味复合、叠加的分析得出理想化的复合调味增鲜产品,其增鲜效果来源于该配方的效果。目前该配料复合增鲜效果被消费者认可得益于其高品质的鲜

味抽提物和有效的复配比例,这成为一些增鲜调味的核心技术。以上配料的大多数原料来源符合国家食品配料及其添加剂使用标准,且属于天然级复合增鲜,在使用过程中没有限量,在日本、美国以及欧洲等国家也有大量使用的趋势。

15. 休闲调味麻辣金针菇配方1(表3-16)

表3-16　休闲调味麻辣金针菇配方1

原料	生产配方/kg	原料	生产配方/kg
金针菇	20	I+G	0.001
白砂糖	0.4	增香剂	0.002
食用色拉油	2	1%辣椒精	0.001
增鲜剂	0.02	80%食用乳酸	0.004
香葱提取物	0.005	猪肉酱香型液体乳化类香精香料	0.012
辣椒红色素10色价	0.002	清香型青花椒树脂精油	0.0002
缓慢释放风味肉粉	0.018	山梨酸钾	按照国家相关标准添加
热反应鸡肉粉状香精香料	0.005	脱氢醋酸钠	按照国家相关标准添加
谷氨酸钠	0.42	风味强化剂	按照国家相关标准添加
食盐	0.37	掩盖异味剂	按照国家相关标准添加

产品特点:具有麻、辣、鲜、香的特殊风味。其中麻味较重而不苦,麻而持久留香,辣而柔和,这是新型肉味提升口感的效果。复合肉味是麻辣持久的原因。缓慢释放风味肉粉、热反应鸡肉粉状香精香料、猪肉酱香型液体乳化类香精香料是使其麻辣口感个性化的主要原因,这些原料的品质是味道好坏的关键所在。

16. 休闲调味麻辣金针菇配方2（表3－17）

表3－17 休闲调味麻辣金针菇配方2

原料	生产配方/kg	原料	生产配方/kg
金针菇	20	红烧牛肉液体香精香料	0.002
食用色拉油	2.2	增香剂	0.002
白砂糖	0.5	1%辣椒精	0.003
增鲜剂	0.08	80%食用乳酸	0.004
辣椒红色素10色价	0.002	红葱香精香料	0.001
热反应牛肉粉状香精香料	0.02	山梨酸钾	按照国家相关标准添加
谷氨酸钠	0.42	脱氢醋酸钠	按照国家相关标准添加
食盐	0.39	TBHQ	按照国家相关标准添加
I+G	0.002	复合磷酸盐	按照国家相关标准添加

产品特点：具有红葱香、红烧牛肉香及其复合肉香。

17. 休闲调味麻辣金针菇配方3（表3－18）

表3－18 休闲调味麻辣金针菇配方3

原料	生产配方/kg	原料	生产配方/kg
食盐	400	缓慢释放风味肉粉	50
谷氨酸钠	500	菌汤香型粉状香精香料	30
I+G	20	菌香液体香精香料	10
色拉油	400	增香剂	40
金针菇	20000	山梨酸钾	按照国家相关标准添加
白砂糖	500	脱氢醋酸钠	按照国家相关标准添加
柠檬酸	40	鲜辣椒提取物	2

续表

原料	生产配方/kg	原料	生产配方/kg
辣椒红色素 10 色价	适量	青花椒提取物	12
增鲜剂	20		

产品特点：直接参考以上配方即可进行生产前的口味调试。麻辣鲜香及良好的后味和回味，成为畅销的特色麻辣金针菇产品。

18. 休闲调味泡椒金针菇配方（表 3－19）

表 3－19 休闲调味泡椒金针菇配方

原料	生产配方/kg	原料	生产配方/kg
金针菇	20	增香剂	0.002
食用色拉油	1	1% 辣椒精	0.003
白砂糖	0.32	80% 食用乳酸	0.004
增鲜剂	0.06	泡野山椒	0.02
辣椒红色素 10 色价	0.0005	辣椒籽精油	0.03
泡椒香精香料	0.002	山梨酸钾	按照国家相关标准添加
谷氨酸钠	0.36	脱氢醋酸钠	按照国家相关标准添加
食盐	0.32	品质改良剂	按照国家相关标准添加
I + G	0.001	风味调节剂	按照国家相关标准添加
干贝素	0.003		

产品特点：柔和的泡椒风味、酸味、特征辣味，尤其持久鲜香成为泡椒金针菇的优势味道，也是新风味金针菇研发的参考基础。

以上各种调味的休闲金针菇食品由于消费升级而不仅仅作为休闲食品食用，在即食菜系列也成为餐饮必备，也是快餐的最佳精品。自热烧烤采用 10g 的包装，作为自热烧烤效果最佳，大多数自热烧烤离不开休闲金针菇，是自热烧烤的记忆典型。在自热重庆小面中用于改善口感，是自热重庆小面的滋味升级，形成经典的口感记忆。自热火锅、自热米饭、自热干锅、自热麻辣烫、自热串串香都可以采用休闲金针菇食品来提高品质，促进消费的认可，一般可以采用30g的包装配套。

五、休闲调味金针菇生产注意事项

市场上比较流行的香辣、麻辣、泡椒系列金针菇调味小食品，常因发酸等技术问题影响销售。下面专门论述调味金针菇变酸的原因及解决措施，供诸位调味金针菇生产、销售、研发者作参考。好产品来源于一流的技术支持，这是关键。

1. 休闲调味金针菇发酸的原因

对市场销售的调味金针菇的酸度进行测试，得出市场上一些调味金针菇酸度不稳定，随时间的增长金针菇变酸，味道不好吃，从而导致很多消费者不能再接受这样的产品。对调味金针菇产品的细菌总数检测，其结果发现嗜酸菌含量高达1.8万个/g，这样的现象促使我们对金针菇发酸原因进行分析，建议采取合理措施生产健康、美味、可口的调味金针菇休闲小食品。通过实践经验，将其总结如下。

(1)金针菇原始菌未杀灭所致的产酸菌

金针菇原始菌含量较多，尤其是嗜酸菌类。由于金针菇原始菌未彻底杀灭，导致大量嗜酸菌在产品之中大量繁殖，嗜酸菌生长过程中产生大量的酸类物质，以至于调味金针菇发酸。

(2)蒸煮处理未达生产工艺要求的时间和温度

在调味金针菇制作过程中，蒸煮的时间、温度非常关键，这也是部分细菌未被杀灭的原因。蒸煮未达到杀死一些细菌的温度和时间，导致少数细菌在后期产品之中大量繁殖，以致于调味金针菇发酸。

(3)休闲调味金针菇杀菌条件未达到

调味金针菇的杀菌条件未达到也会导致一部分残留的很难杀死的细菌生长，从而产酸致使调味金针菇发酸。

(4)休闲调味金针菇加工过程的污染

在调味过程中被细菌污染，从而导致细菌繁殖产酸。这是加工过程中污染所导致的发酸。

(5)生产调味金针菇所用器具污染

生产所用的器具污染或者器具残留物发酵产酸等原因致使调味金针菇发酸。

(6)加工环境所致

加工生产环境湿度过大、温度高,尤其是夏天,大量细菌繁殖,细菌从空气之中污染到调味金针菇之中,从而导致调味金针菇发酸。在 2008 年 7 月曾经一个生产调味金针菇的工厂因气温高而无法生产,一旦生产就是发酸、退货。其原因就是加工环境所致。

(7)调味料处理问题

对调味料的处理也很关键,如调味红油不得含有生水,一旦有生水掉入制好的红油等调味料之中即可产生大量的细菌繁殖,从而导致调味金针菇发酸。

(8)水分含菌较多或者其他污染源存在

调味金针菇的水分含量高,水分活度大,也会促使少量细菌繁殖从而产酸。或者其他少量污染物如一些微量物质污染破坏调味金针菇,从而致使调味金针菇发酸。

2. 解决调味金针菇发酸的措施

通过对一些调味金针菇的市场情况作调查后发现,其发酸是其变坏或品质弱化的最具特征表现。通过对金针菇的调味、工艺流程设计、生产 HACCP 运用,比较成功的克制发酸的技术措施如下。

(1)合理采用食用级杀菌剂

在金针菇生产前期进行杀菌,采用特效食用杀菌液对金针菇进行浸泡杀菌,每 100kg 采用 1kg 杀菌液进行浸泡,浸泡 10min 之后对金针菇进行处理。具体步骤是:先将杀菌液倒入水中,混合均匀;再将金针菇倒入杀菌剂稀释液中,稀释液要浸没金针菇;浸泡 10min 之后捞出,备用。杀菌剂可以合理用于金针菇杀菌、生产所用器具杀菌清洗、加工环境杀菌处理、调味料的杀菌、环境污染的处理、人员清洁的杀菌消毒,这有效降低了嗜酸菌对调味金针菇发酸的破坏。通过实验结果表明:未经杀菌处理的金针菇初始菌高达 3 万多,而经杀菌液处理之后的金针菇初始菌在300左右，蒸煮之后经过杀菌液处理的金针菇含的细菌非常少，其结果在100以内，并且产酸的嗜酸菌不再生长。有效的食用级杀菌液非常关键地控制了金针菇所含的嗜酸性细菌的生长。

(2)有效采用防腐剂

经过多家调味型菌类系列产品试验，其结果表明：山梨酸钾和脱氢醋酸钠有效复配，大大提高了调味金针菇的防腐能力。山梨酸钾和脱氢醋酸钠通过释放 H^+ 对细菌的细胞膜进行破坏，有效地控制细菌的生长，两者释放 H^+ 的破坏强度不一样从而对调味金针菇产生很好的效果。特别建议：严格按照国家相关标准添加山梨酸钾和脱氢醋酸钠的量，以免超标。

(3)新型防腐杀菌技术

应用防腐栅栏技术，对调味金针菇所带细菌的过程进行控制，大大降低调味金针菇嗜酸性细菌的含量，致使嗜酸性细菌不生长或者生长受到抑制，以致于嗜酸性细菌死亡，从而保证调味金针菇不会发酸。采用新型多糖类纯天然杀菌剂对调味金针菇处理也是比较理想的，效果也是很突出的；新型植物类杀菌技术的应用也可致使嗜酸性细菌生长受到抑制；新型杀菌剂料的广泛应用且无有害残留也是科学、有效、健康的杀菌措施。

(4)严格按照生产工艺流程执行

调味金针菇生产的蒸煮时间、温度也很关键，若菌类所含物质的热分解不彻底，会导致金针菇产生酸性物质发酸。通常是恒温90℃，15min。蒸煮金针菇一方面彻底分解有待于产酸的系列物质，促使蒸煮产酸而不致于调味金针菇产酸；另一方面有效杀死可持续生长的细菌尤其是嗜酸性细菌。包装之后的产品杀菌也很关键，可以有效控制调味金针菇的细菌总数和嗜酸性细菌的生长。

(5)辅助严格的生产条件

生产条件也非常关键，辅助配套的杀菌、清洁、清洗也是有效控制调味金针菇发酸的有效措施。生产过程中严格的监控，控制污染源，及时清理，创造整洁无污染的生产环境非常关键。

第二节　休闲调味土豆

具有香辣、泡椒、山椒、烧烤、麻辣等风味的土豆片产品，以及土豆泥风味化系列产品，都是土豆产品休闲化的趋势。除此之外还有就是膨化的土豆片。这是市场上多年以来的老产品，口感风味主要体现在膨化调味料的作用，高品质调味料的生产是市场竞争的关键。土豆泥新产品是休闲化的一个方向，尤其是口感特殊的土豆泥备受消费者的欢迎，具有很大的市场潜力，有待于深度研发形成多口味的土豆泥休闲产品。

一、休闲调味土豆制品生产工艺流程

1. 休闲土豆片生产工艺

土豆→清洗→去皮→切片→漂煮→调味→包装→杀菌→成品→检验→喷码→检查→装箱→封箱→加盖生产合格证→入库

2. 油炸土豆片生产工艺

土豆→清洗→去皮→切片→油炸→调味→包装→成品→检验→喷码→检查→装箱→封箱→加盖生产合格证→入库

3. 土豆泥生产工艺

土豆→清洗→去皮→熟化→脱水→干燥→调配→包装→成品→检验→喷码→检查→装箱→封箱→加盖生产合格证→入库

二、休闲调味土豆制品生产技术要点

1. 土豆的清洗

要求将土豆去除泥砂，挑选完整的土豆作为加工对象。

2. 去皮

采用土豆专用脱皮机对土豆进行去皮，要求土豆表面不能留下异物和表皮。

3. 切片

根据要求将土豆进行切片，用于油炸的土豆片切薄一些，用于制

作休闲土豆小吃的切厚一些,根据实际情况进行切片。

4. 漂煮

将土豆片煮熟至七成熟即可,这样便于调味后包装杀菌仍具有良好的成型。

5. 油炸

土豆片采用143℃进行恒温油炸,土豆片下锅温度为143℃,炸熟之后起锅仍然为143℃,这就能够保证土豆片的口感。根据不同的土豆品质和产地、品种,油炸的条件可以稍作调整,但是可以肯定的是恒温油炸效果较好,非恒温油炸效果极其差。

6. 熟化

熟化是将土豆熟化成为可以直接食用的状态。这里也有别的膨化办法制作成为土豆膨化淀粉。该工艺采用熟化是保证与传统的饮食习惯相结合,也是地道的土豆泥制作的必需工艺。

7. 脱水

熟化之后的土豆淀粉需要将水分脱去。脱水方式很多,建议采用离心的办法脱去土豆之中的自有水分。

8. 干燥

最好的是真空冷冻干燥,这样可以保留土豆的原汁原味。其他的热风干燥或者烘干或者微波则对风味有所破坏,不同的处理办法产品口感差别很大。

9. 调味

休闲土豆片的调味与将其调味料混合即可,其味道好坏取决于调味料的品质。市场上很多休闲土豆片口感不同是调味料的问题。油炸的土豆片都是采用膨化调味料进行调味,膨化调味料的好坏是其品质好坏的关键。通常采用3% ~5%的比例添加膨化调味料。添加不同风味的膨化调味料即可形成不同口味的土豆片制品。土豆泥则是采用高品质的真空冷冻干燥蔬菜及肉类来调味,土豆泥的调味就是将原料混合均匀即可,极其方便。因其原料不同而口感大相径庭。这三类产品因其各自的特点而被不同消费者重复购买,这给土豆的产业化带来极大升级,也是丰富消费需求的体现。

10. 包装

休闲土豆片采用真空包装;油炸土豆片通常采用充氮包装;土豆泥采用普通杯型包装,类似奶茶,食用极其方便。

11. 杀菌

休闲土豆片采用巴氏杀菌,通常 90℃,5min 即可。

三、休闲调味土豆制品的生产配方

1. 休闲调味香辣即食土豆片配方 1(表 3-20)

表 3-20　休闲调味香辣即食土豆片配方 1

原料	生产配方/kg	原料	生产配方/kg
土豆片	100	鲜辣椒提取物	0.3
谷氨酸钠	0.9	白砂糖	2.3
食盐	3.5	麻辣专用调味粉	0.02
缓慢释放风味肉粉	0.5	辣椒香味提取物	0.002
柠檬酸	0.2	山梨酸钾	按照国家相关标准添加
辣椒油	3.2	脱氢醋酸钠	按照国家相关标准添加
I+G	0.04	品质改良剂	按照国家相关标准添加
乙基麦芽酚	0.002	风味调节剂	按照国家相关标准添加

产品特点:该配方为新型香辣即食土豆片生产使用配方,具有缓慢释放风味的特征,产品存放时间越久越好吃,具有良好的使用和参考价值。

2. 休闲调味香辣即食土豆片配方 2(表 3-21)

表 3-21　休闲调味香辣即食土豆片配方 2

原料	生产配方/kg	原料	生产配方/kg
食用油	3	辣椒红色素 150E	0.01
土豆片	79.5	辣椒香味提取物	0.001
辣椒	2.3	食盐	3

续表

原料	生产配方/kg	原料	生产配方/kg
谷氨酸钠	5	山梨酸钾	按照国家相关标准添加
白砂糖	1	脱氢醋酸钠	按照国家相关标准添加
鲜辣椒提取物	0.14	品质改良剂	按照国家相关标准添加
鸡粉	0.2	风味调节剂	按照国家相关标准添加

产品特点:该配方中鲜辣椒提取物的口感改变了整个产品的特点,是使土豆片入味的新原料,调味效果好于一般辣椒精。

3. 休闲调味麻辣土豆片配方1(表3-22)

表3-22　休闲调味麻辣土豆片配方1

原料	生产配方/kg	原料	生产配方/kg
土豆片	100	鲜辣椒提取物	0.6
谷氨酸钠	0.9	白砂糖	2.3
食盐	3.5	花椒提取物	0.04
缓慢释放风味肉粉	0.5	辣椒香味提取物	0.002
柠檬酸	0.2	山梨酸钾	按照国家相关标准添加
辣椒油	3.2	脱氢醋酸钠	按照国家相关标准添加
I+G	0.04	品质改良剂	按照国家相关标准添加
乙基麦芽酚	0.002	风味调节剂	按照国家相关标准添加

产品特点:该配方的麻辣风味特点比较明显,把原汁原味的麻辣口感体现得淋漓尽致。该风味麻辣持久而不烈,是区别与其他产品的特点,也是这一配方的优势。

4. 休闲调味麻辣土豆片配方2(表3-23)

表3-23　休闲调味麻辣土豆片配方2

原料	生产配方/kg	原料	生产配方/kg
土豆片	100	鲜辣椒提取物	0.3

续表

原料	生产配方/kg	原料	生产配方/kg
谷氨酸钠	0.9	白砂糖	2.3
食盐	3.5	糊辣椒调味提取物	0.02
鸡肉粉	0.5	糊辣椒香精	0.002
柠檬酸	0.2	山梨酸钾	按照国家相关标准添加
辣椒油	3.2	脱氢醋酸钠	按照国家相关标准添加
I+G	0.04	品质改良剂	按照国家相关标准添加
乙基麦芽酚	0.002	风味调节剂	按照国家相关标准添加

产品特点：具有典型的糊辣椒口感和风味，是休闲土豆片的创新风味之一。尤其是近年来糊辣椒香味的比较适合推广，这也是广泛推荐传统工艺的结晶。

5. 休闲调味麻辣土豆片配方3（表3－24）

表3－24　休闲调味麻辣土豆片配方3

原料	生产配方/kg	原料	生产配方/kg
煮熟土豆片	100	红油辣椒	10
增鲜复合调味料	4.9	牛肉液体香精香料	0.02
剁泡辣椒	10	山梨酸钾	按照国家相关标准添加
白砂糖	0.5	脱氢醋酸钠	按照国家相关标准添加
食盐	2	品质改良剂	按照国家相关标准添加
花椒粉	1.2	风味调节剂	按照国家相关标准添加
乳酸	0.18	风味强化剂	0.002
辣椒提取物	0.2		

产品特点:具有特殊麻辣口感的土豆片。这种特殊的麻辣口感来源于辣椒提取物、泡辣椒,是该麻辣口感区别于其他口味的优势。

6. 休闲调味山椒土豆片配方(表 3-25)

表 3-25 休闲调味山椒土豆片配方

原料	生产配方/kg	原料	生产配方/kg
煮熟土豆片	100	鸡肉液体香精香料	0.002
增鲜复合调味料	4	山梨酸钾	按照国家相关标准添加
野山椒	25	脱氢醋酸钠	按照国家相关标准添加
白砂糖	1	品质改良剂	按照国家相关标准添加
食盐	1	风味调节剂	按照国家相关标准添加
乳酸	0.2	风味强化剂	0.002
山椒提取物	0.1		

产品特点:具有山椒香味和鸡肉口感。

7. 休闲调味土豆片麻辣调味料配方 1(表 3-26)

表 3-26 休闲调味土豆片麻辣调味料配方 1

原料	生产配方/kg	原料	生产配方/kg
食盐	36	朝天椒粉	20
谷氨酸钠	20	缓慢释放风味肉粉	12
I+G	1	强化后味肉味香料	2
花椒粉	3	增鲜剂	1
白砂糖	2	口感改良剂	0.2
五香粉	2	风味强化剂	0.1
食盐	36	辣椒天然香味物质	0.005

产品特点:麻辣调味料是一般麻辣土豆片必备的主要原料之一,

也是麻辣口感不断优化的基础。

8. 休闲调味土豆片麻辣调味料配方2(表3-27)

表3-27 休闲调味土豆片麻辣调味料配方2

原料	生产配方/kg	原料	生产配方/kg
食盐	25	葱香味香精香料	0.4
谷氨酸钠	18	烤牛肉香味香精香料	0.2
I+G	0.9	品质调节剂	0.5
麦芽糊精	12	鲜辣椒提取物	4
淀粉	12	大蒜粉	5
白砂糖	10	辣椒粉	12
柠檬酸	0.5	辣椒色泽提取物	2

产品特点:特殊的麻辣口感是麻辣调味料的特点,通常使用量为膨化油炸土豆片的3%~5%。

9. 休闲调味麻辣牛肉味膨化土豆片配方(表3-28)

表3-28 休闲调味麻辣牛肉味膨化土豆片配方

原料	生产配方/kg	原料	生产配方/kg
油炸土豆片	100	孜然粉	0.0003
缓慢释放风味肉粉	0.1	草果粉	0.0006
复合增鲜剂	4	甘草粉	0.0005
麻辣风味专用辣椒提取物	0.2	陈皮粉	0.0002
麻辣风味专用鸡肉粉	0.6	豆蔻粉	0.0001
食盐	1	八角粉	0.0007
麻辣风味专用甜味剂	0.05	花椒粉	0.0008
牛肉粉	0.1	白芷粉	0.0001
辣椒粉	8	大枣粉	0.0009
青花椒粉	0.056	麝香粉	0.0002

续表

原料	生产配方/kg	原料	生产配方/kg
水溶性辣椒提取物	0.022	川芎粉	0.0003
麻辣专用调味料	0.1	小茴香粉	0.0007
香果粉	0.0005	姜黄粉	0.0008
桂皮粉	0.0001		

产品特点:具有比较丰富的复合口感和滋味,是市场上少有的麻辣牛肉风味创新产品,比较容易获得消费者的认可。可以将香辛料预先配好之后直接添加。

10. 休闲调味椒香牛肉土豆片调料配方(表3-29)

表3-29 休闲调味椒香牛肉土豆片调料配方

原料	生产配方/kg	原料	生产配方/kg
膨化油炸土豆片	100	天然风味专用甜味剂	0.02
花椒粉	0.2	烤香热反应牛肉粉	0.12
复合增鲜调味料	4	辣椒粉	8
椒香风味专用青花椒提取物	0.2	青花椒粉	0.021
椒香牛肉味牛肉香精香料	0.2	鲜辣椒提取物	0.012
食盐	1	天然土豆香味专用调味料	0.05

产品特点:具有椒香牛肉风味土豆片的特征,也是市场常见的风味之一,椒香牛肉口感比较明显。

11. 休闲调味土豆片强化后味粉配方(表3-30)

表3-30 休闲调味土豆片强化后味粉配方

原料	生产配方/kg	原料	生产配方/kg
食盐	20	青葱粉	10
谷氨酸钠	20	热反应牛肉粉	5
I+G	1	麻辣专用肉粉	45

续表

原料	生产配方/kg	原料	生产配方/kg
缓慢释放风味肉粉	15	增鲜剂	1
麻辣专用提味香料	25	增香剂	1
强化回味香料	3	辣椒香原料	2
姜粉	4	花椒提取物	0.005

产品特点:该配方作为油炸土豆片调味强化后味通用调味粉,是针对休闲土豆片整体进行优化的口感改良有效方案。

12. 休闲调味土豆片麻辣经典调味料配方(表 3－31)

表 3－31　休闲调味土豆片麻辣经典调味料配方

原料	生产配方/kg	原料	生产配方/kg
食盐	8	天然增鲜配料	0.05
谷氨酸钠	1	青花椒香味提取物	0.006
I+G	0.05	辣椒粉	8
天然辣椒提取物	0.03	花椒粉	2
天然辣椒香味物质	0.008	休闲调味土豆片强化后味粉	8
50 倍蛋白糖	1	肉味专用强化土豆片配料	0.1
强化香味花椒提取物	0.1		

产品特点:麻辣风味纯正,回味无穷。休闲调味麻辣风味土豆片最佳使用量是每 10kg 采用 500g,根据口感需求可以酌情调整使用量。这是麻辣风味广泛使用的调味配方,其他多种食品也可以使用。

13. 休闲调味土豆片番茄味调味料配方(表 3－32)

表 3－32　休闲调味土豆片番茄味调味料配方

原料	生产配方/kg	原料	生产配方/kg
白砂糖粉	20	葡萄糖粉	12
复合增鲜调味料	21	柠檬酸	1.5

续表

原料	生产配方/kg	原料	生产配方/kg
番茄粉	20	洋葱粉	0.5
口感改良剂	0.008	麦芽糊精	21
风味调节剂	0.03	番茄香精	0.6
番茄风味提取物	0.05	品质改良剂	0.4
苹果酸	0.4	蒜粉	0.3
食盐粉	6	黑胡椒粉	0.2

产品特点:具有天然的番茄风味,别具一格。

该配方除了适合于油炸土豆片以外,还可用于多种休闲食品调味,以其独特的番茄风味引领市场趋势。

14. 休闲调味香菇鸡茸土豆泥配方(表3-33)

表3-33　休闲调味香菇鸡茸土豆泥配方

原料	生产配方/kg	原料	生产配方/kg
土豆泥	200	鸡肉粉	12
增鲜专用调味料	10	FD 香菇粒	1.5
专用香菇粉	2.2	FD 青葱	1.6
缓慢释放风味肉粉	8	豚骨肉粉	1.9

产品特点:具有香菇鸡风味特点,可用于高品质高风味休闲土豆泥产品。

15. 休闲调味牛肉味土豆泥配方(表3-34)

表3-34　休闲调味牛肉味土豆泥配方

原料	生产配方/kg	原料	生产配方/kg
土豆泥	200	FD 菠菜	0.2
增鲜专用调味料	13	FD 豌豆	1.5
FD 玉米	4	FD 青葱	1.6

续表

原料	生产配方/kg	原料	生产配方/kg
缓慢释放风味肉粉	3	FD 牛肉	0.2
牛肉粉	12	豚骨肉粉	1.9

产品特点:具有天然牛肉香味高品质土豆泥产品的特点。

16. 休闲调味鸡肉味土豆泥配方(表3－35)

表3－35　休闲调味鸡肉味土豆泥配方

原料	生产配方/kg	原料	生产配方/kg
土豆泥	200	FD 青菜	0.2
增鲜专用调味料	18	FD 胡萝卜	0.5
FD 玉米	1	FD 青葱	1.6
缓慢释放风味肉粉	10	FD 鸡肉	0.2
鸡肉粉	12	豚骨肉粉	2.9

产品特点:具有高品质土豆泥产品体现的原汁原味,而不是过去方便食品香精味的特点。根据市场需求即可生产上百种风味的畅销土豆泥,FD 原料的品质至关重要。

四、休闲调味土豆泥生产技术及其趋势

土豆泥生产企业应及时调查消费者的需要,力求提高土豆泥产品的质量和品牌内涵。

1. 休闲调味土豆泥真空冷冻干燥技术(FD)

采用热风干燥技术(AD)生产的脱水蔬菜系列原料的品质与真空冷冻干燥技术(FD)生产的区别非常大。FD 备受高品质风味食品青睐的原因有以下几点。首先,FD 能最大限度地保留原料的营养成分。二者区别在于,AD 破坏了大量营养元素,而 FD 能将除了水分以外的所有营养元素完好保存,无论是鸡蛋花、青葱、胡萝卜、牛肉、鸡肉、虾仁都是这样的。其次,FD 干燥后的原料口感与新鲜原料煮熟后

的口感一致。FD 系列原料口感没有被破坏,消费者吃起来就和新鲜蔬菜煮熟一样,这是 AD 不具备也难以达到的。再次,FD 干燥能提升产品风味。采用 FD 技术干燥原料能够将原料风味修饰成为独特的产品特征。最后,原料复水快。这能够快速实现集形状、口感、风味为一体的高质量产品。

2. 休闲调味土豆泥复配应用技巧

通过常年研究土豆风味的形成及其土豆口感的变化,特总结一些用于调配土豆泥的技巧。

①风味复合趋于天然。休闲的土豆泥产品赋予天然特征,这样选择一些原料实现天然风味,满足真正的消费需求,尽可能选择一些趋于天然风味的配料。

②崇尚自然香味。对于调配选择香味比较自然的香料,譬如热反应肉粉、纯肉粉等作为修饰,附加一些自然香味的香辛料。

③缓释调配应用。采用一些缓释调配配料,将肉味、土豆烤香风味、新鲜蔬菜蒸煮香味集为一体,相互交换风味释放,成为独特的整体产品特色。

④独特香料配合。将一些独特香料配合成为诸如牛肉味、香菇鸡茸等风味特征,这主要源于香料的有机配合。

⑤综合调味平衡。土豆泥产品风味是一个整体,而不是单一的产品组合的感受,香鲜味为一体,协调性好。

⑥风味多元化。将类似的土豆泥形成多个风味系列化,配方及其产品多规格化。

⑦巧妙应用高品质肉粉。用高品质的肉粉补充土豆缺少的肉香风味,这是当前畅销土豆泥的特点,这样的调配无论是在国内还是国外都会被接受,真正体现高品质的回味和口感。应用提高口感的复合香味降低咸味。这是食盐在土豆泥之中的调味技巧,将土豆泥的盐分提高而不至于咸味大,改善口感成为独特,这也是一些常年从事调味的前辈所感受到的事实。在调味界可谓是独到技巧,必将成为土豆泥创品牌的有力支柱。

⑧多角度实现消费习惯的调配。对土豆泥实现消费者比较熟悉

的油炸辣椒香味、炖煮牛肉香味、香菇炖鸡、酸菜鱼、烤香牛排香味、回锅肉香味、川香火锅香味等调味，将会实现富有传统消费者熟悉风味的特色产品。

3. 休闲调味土豆泥行业展望及现状

土豆泥新兴行业的成长至关重要，如何获得长足发展，大量利用现有土豆资源成就一流土豆泥产业，这成为笔者的主要愿望。

①土豆泥生产成本及市场定位。土豆泥生产成本高低与市场定位不能按照原来的计划方式去做，而要根据市场需求状况实现消费者需要，长远地看清土豆泥整个生产环节、销售系统、分销环节、售后服务环节为一体的市场定位，这可以借鉴当前市场上某一畅销品牌的做法。

②原料成本。高品质的定位在每千克 33 元，而目前国产一些品牌的土豆泥才每千克 10 元，每份 45g 成本折合 1.485 元，外加包装及其他折合 2.5 元每份，成本差异导致国产品质土豆泥难与畅销产品抗衡。

③销售策略。采用跟进畅销土豆泥的方式进行销售，无论国内外市场均可采用这一对策，必将获得一杯羹。

④消费者认可才是硬道理。笔者对市场上很多土豆泥产品进行品尝，结果大失所望，这很难得到消费者的认可，真是难以想象。不过消费者不认可的土豆泥，迟早会被市场淘汰，只是时间问题，我们将拭目以待。

⑤精准定位打开市场。畅销品牌的土豆泥销售接不上时，马上跟进，必将实现消费者无空闲地见到土豆泥，这样才能实现市场的认同。

⑥品质差别大无法同竞争对手抗衡。唯有与畅销品质一致才有与竞争对手抗衡的砝码，这也是诸多土豆泥在不明不白之中死掉的原因之一。

⑦吃好味道。土豆泥也和其他食品一样，唯有好味道才能被消费者接受，并重复购买。

⑧消费者不需要低价低值的土豆泥。当前消费水平提高，低价

低值或者采用AD原料的土豆泥难以生存,这也不是消费者的真正需要,低价低值还是只有死路一条。难有品牌崛起,浪费大量土豆资源。国内期待一些真正具有土豆资源的企业利用好资源,生产一流的土豆泥,创造新品牌留世于民。

第三节　休闲调味藕片

藕片也是山椒、香辣味居多,同时也可以开发诸多品种的风味化藕片,这会是市场上的一大亮点。藕片的深加工具有广阔的市场空间,也是未来休闲藕片的发展趋势,尤其是卤香特点的新派藕片一路看好。

一、休闲调味藕片生产工艺流程

藕→清洗→切片→预煮→调味→包装→杀菌→包装→成品→检验→喷码→检查→装箱→封箱→加盖生产合格证→入库

二、休闲调味藕片生产技术要点

1. 清洗

将藕清洗干净,无泥沙及其他杂物,整理之后以便切片。

2. 切片

采用切菜机进行切片,根据需要做相应的护色处理,以便切片之后的藕片不变色,切片的厚度根据需要而定。也可以根据需要切丝或者切丁,目前这方面的技术极其成熟,不再赘述。

3. 预煮

预煮便于调味同时也是对藕片进行稳定的熟化过程,通常煮至七分熟即可。

4. 调味

将调味的各种原料加入预煮熟后的藕片搅拌均匀即可,边加入调味原料边搅拌,搅拌至调味原料被藕片充分吸收为止。

5. 包装

采用抽真空包装，让藕片成型比较自然，便于杀菌及其市场销售美观。

6. 杀菌

杀菌根据常规使用的杀菌条件90℃，12min。如果是常规餐饮销售可以不杀菌，直接调味后即可销售，尤其是山椒风味的创新是连水一起包装冷藏，这样的藕片色泽和脆度都比较理想，备受消费者青睐。

三、休闲调味藕片的生产配方

1. 休闲调味香辣藕片配方1（表3-36）

表3-36　休闲调味香辣藕片配方1

原料	生产配方/kg	原料	生产配方/kg
食用油	3	辣椒红色素150E	0.001
藕片	80	辣椒香味提取物	0.0001
辣椒	2.5	食盐	3
谷氨酸钠	5	山梨酸钾	按照国家相关标准添加
白砂糖	1	脱氢醋酸钠	按照国家相关标准添加
水溶辣椒提取物	0.15	品质改良剂	按照国家相关标准添加
鸡粉	0.2	风味调节剂	按照国家相关标准添加

产品特点：这一产品是先将辣椒烘焙，再捣碎的方式生产加工的，辣椒不辣反而很香，尤其是产品放置时间越长味道越好，且不需要添加更多的增鲜剂就能让口感完美、辣味自然持久。这是通过多次实践而得的高品质配方，修改之后，产品口感均不如原配方。

2. 休闲调味香辣藕片配方2(表3-37)

表3-37　休闲调味香辣藕片配方2

原料	生产配方/kg	原料	生产配方/kg
藕片	100	水溶辣椒提取物	0.3
谷氨酸钠	0.9	白砂糖	2.3
食盐	3.5	麻辣专用	0.02
缓慢释放风味肉粉	0.5	辣椒香精	0.002
柠檬酸	0.2	山梨酸钾	按照国家相关标准添加
辣椒油	3.2	脱氢醋酸钠	按照国家相关标准添加
增鲜剂	0.04	品质改良剂	按照国家相关标准添加
乙基麦芽酚	0.02	风味调节剂	按照国家相关标准添加

产品特点:该配方中的辣椒油为辣椒和花椒按照42:8的比例,再添加800kg的160℃的油浸提而得,稍作改变香味不一样,同时也可以根据这一变化添加少许其他香辛料来改变辣椒油的风味特征从而改变产品的特点。

3. 休闲调味香辣味藕片配方3(表3-38)

表3-38　休闲调味香辣味藕片配方3

原料	生产配方/kg	原料	生产配方/kg
煮熟藕片	100	香辣调味油	2
增鲜复合调味料	4	乳酸	0.2
野山椒	45	泡红辣椒	5.5
白砂糖	1	猪肉液体香精香料	0.2
食盐	1		

产品特点:具有独特香辣风味。

4. 休闲调味山椒藕片配方1(表3-39)

表3-39　休闲调味山椒藕片配方1

原料	生产配方/kg	原料	生产配方/kg
藕片	15	山梨酸钾	按照国家相关标准添加
山椒(含水)	2	脱氢醋酸钠	按照国家相关标准添加
缓慢释放风味肉粉	0.05	品质改良剂	按照国家相关标准添加
谷氨酸钠	0.2	风味调节剂	按照国家相关标准添加
I+G	0.01	纯鸡油	0.05
野山椒提取物	0.001	鸡肉香精香料	0.0002
山椒香味提取物	0.0002	强化辣味口感香辛料	0.001
柠檬酸	0.003		

产品特点：该配方除了做成工业化的山椒藕片，还做成了菜品直接供应酒店，对卤制的藕片调味也具有良好的效果，可使山椒味持久、回味悠长。

5. 休闲调味山椒藕片配方2(表3-40)

表3-40　休闲调味山椒藕片配方2

原料	生产配方/kg	原料	生产配方/kg
藕片	15	纯鸡油	0.02
山椒(含水)	2	鸡肉香精香料	0.0004
肉味粉	0.06	复合香辛料精油	0.001
谷氨酸钠	0.2	山梨酸钾	按照国家相关标准添加
I+G	0.01	脱氢醋酸钠	按照国家相关标准添加
水溶辣椒提取物	0.01	品质改良剂	按照国家相关标准添加

续表

原料	生产配方/kg	原料	生产配方/kg
柠檬酸	0.003	风味调节剂	按照国家相关标准添加
山椒香精	0.0002		

产品特点：具有天然的藕片风味和山椒复合的香辛料的口感，是未来复合风味发展的趋势之一。

6. 休闲调味山椒味藕片配方3（表3-41）

表3-41 休闲调味山椒味藕片配方3

原料	生产配方/kg	原料	生产配方/kg
煮熟藕片	100	食盐	1
增鲜复合调味料	4	乳酸	0.2
野山椒	25	山椒提取物	0.1
白砂糖	1	鸡肉液体香精香料	0.002

产品特点：具有山椒香味、鸡肉口感的休闲藕片特征。

7. 休闲调味麻辣味藕片配方（表3-42）

表3-42 休闲调味麻辣味藕片配方

原料	生产配方/kg	原料	生产配方/kg
煮熟藕片	100	花椒粉	1.2
增鲜复合调味料	4.9	乳酸	0.18
剁椒（泡辣椒）	10	辣椒提取物	0.2
白砂糖	0.5	红油辣椒	10
食盐	2	牛肉液体香精香料	0.02

产品特点：麻辣味藕片具有牛肉香味，是口感圆润的休闲食品之一。

以上加工产品已经成为餐饮即食菜，在餐饮界随处可见，也成为卤菜和休闲零食的经典，大多数现捞卤菜都有休闲藕片身影的出现。自热火锅中的藕片是口感最佳的蔬菜类组成，可以说自热火锅少不了藕片，自热烧烤、自热重庆小面、自热串串、自热麻辣烫都乐于选择休闲藕片作为配菜之一，休闲藕片的好坏也会影响自热食品的口感体现。在自热饭领域，自热小吃都可以采用休闲藕片组成，自然提高消费的复购率。

四、休闲调味藕片生产注意事项

休闲调味藕片是天然植物的根茎做成的食品，生产过程中尽可能采取措施防止藕片在储存过程中发生褐变而导致产品色泽不美观。主要从品质改良剂、包装材料的质量、包材的透光性、加工成品的酸度等因素进行控制。成品建议避光放置。冷藏可使藕片的脆度更好，口感更佳。

第四节　休闲调味海带丝

目前市场上畅销的基本是香辣和山椒味的海带丝，其他如烧烤、麻辣、藤椒等风味有待开发。同时海带丝还可以开发成为干式休闲食品。海带丝产品的味道是否纯正才是是否被消费者认可的关键，而不是价格，这也是未来海带丝产业不断壮大的必然趋势。

一、休闲调味海带丝生产工艺流程

海带→浸泡脱盐→预煮→切丝→调味→包装→杀菌→麻辣海带丝→包装→成品→检验→喷码→检查→装箱→封箱→加盖生产合格证→入库

二、休闲调味海带丝生产技术要点

1. 浸泡脱盐

脱盐是为了保证海带丝的口感，将多余的食盐脱掉。

2. 预煮

预煮是便于标准化调味食用,直接可以作为餐饮配菜极其方便。

3. 切丝

采用切菜机切成丝或者人工切丝,切丝后进行调味。

4. 调味

调味是将调味原料与海带丝搅拌均匀,边加调味料边搅拌让海带丝充分吸收调味料即可。调味主要解决的问题是避免调味之后的海带丝具有苦味。没有苦味的海带丝才适合于消费者的需要。将肉味复合到不具有很强呈味能力的海带丝之中,这是调味的秘诀。

5. 包装

对调味之后的海带丝采用抽真空包装,包装材料需要耐高温杀菌。

6. 杀菌

杀菌可以采用90℃,10min。在生产环节控制较好的情况下,可以不需要添加防腐剂仍然做到海带丝杀菌之后保质9个月。

三、休闲调味海带丝的生产配方

1. 休闲调味麻辣海带丝配方1(表3-43)

表3-43 休闲调味麻辣海带丝配方1

原料	生产配方/kg	原料	生产配方/kg
海带丝	80	缓慢释放风味肉粉	0.2
辣椒	2.5	辣椒红色素150E	0.001
谷氨酸钠	5	辣椒香味提取物	0.0001
白砂糖	1	食盐	3
水溶辣椒提取物	0.15	麻辣专用复合香料油	0.002

产品特点:具有独特的麻辣风味和口感。这是多种麻辣风味难以实现的复合香辛料口感和风味。海带丝可口滋味比较明显。麻辣专用复合香辛料油是经过复杂的工艺熬制而得,口感持久,即便是长时间杀菌也仍然保持。

2. 休闲调味麻辣海带丝配方2(表3-44)

表3-44　休闲调味麻辣海带丝配方2

原料	生产配方/kg	原料	生产配方/kg
食盐	0.2	辣椒红油(油:辣椒=7:3)	0.5
谷氨酸钠	0.22	甜味剂	0.0002
I+G	0.01	乙基麦芽酚	微量
白砂糖	0.01	酵母味素	0.002
泡辣椒	0.2	80%食用乳酸	0.01
调味油	0.15	山梨酸钾	按照国家相关标准添加
脱盐海带丝	12	脱氢醋酸钠	按照国家相关标准添加
强化后味鸡肉粉状香精香料	0.02	品质改良剂	按照国家相关标准添加
焦香牛肉液体香精香料	0.001	增鲜剂	0.05
10%辣椒油树脂精油	0.001	芝麻油	0.02
青花椒树脂精油	0.01		

产品特点:该配方是将麻辣味、肉味和海带的风味结合在一起,形成独到的典型麻辣新风味。

3. 休闲调味香辣海带丝配方(表3-45)

表3-45　休闲调味香辣海带丝配方

原料	生产配方/kg	原料	生产配方/kg
海带丝	100	I+G	0.04
谷氨酸钠	0.9	乙基麦芽酚	0.02
食盐	3.5	水溶辣椒提取物	0.3
肉味粉	0.5	白砂糖	2.3
柠檬酸	0.2	麻辣专用复合香料	0.02
辣椒油	3.2	辣椒香味提取物	0.002

产品特点:具有独特香辣口感和滋味。

4. 休闲调味山椒海带丝配方(表3-46)

表3-46 休闲调味山椒海带丝配方

原料	生产配方/kg	原料	生产配方/kg
海带丝	15	黑胡椒提取物	0.0006
山椒(含水)	2	青花椒提取物	0.0001
缓慢释放风味肉粉	0.05	辣根提取物	0.0002
谷氨酸钠	0.2	蒜香提取物	0.0004
I+G	0.01	纯鸡油	0.05
野山椒提取物	0.001	鸡肉香精香料	0.0002
山椒香味提取物	0.0002	强化辣味口感香辛料	0.001
柠檬酸	0.003		

产品特点:具有独具特色的山椒口感和延长的辣味风味,这是与其他风味所不同的特点。

5. 休闲调味烧烤海带丝配方(表3-47)

表3-47 休闲调味烧烤海带丝配方

原料	生产配方/kg	原料	生产配方/kg
食盐	0.2	辣椒红油 (油:辣椒=7:3)	0.5
谷氨酸钠	0.22	甜味剂	0.0002
I+G	0.01	乙基麦芽酚	微量
白砂糖	0.01	酵母味素	0.002
泡辣椒	0.2	80%食用乳酸	0.01
调味油	0.15	山梨酸钾	按照国家相关标准添加
脱盐海带丝	12	脱氢醋酸钠	按照国家相关标准添加

续表

原料	生产配方/kg	原料	生产配方/kg
缓慢释放风味肉粉	0.02	品质改良剂	按照国家相关标准添加
焦香牛肉液体香精香料	0.001	增鲜剂	0.05
10%辣椒油树脂精油	0.001	烤香孜然油	0.04
青花椒树脂精油	0.01		

产品特点：具有烧烤香味的海带丝产品，是新兴调味趋势之一。

6. 休闲调味牛肉味海带丝配方（表3－48）

表3－48　休闲调味牛肉味海带丝配方

原料	生产配方/kg	原料	生产配方/kg
食盐	0.2	辣椒红油（油：辣椒＝7：3）	0.5
谷氨酸钠	0.22	甜味剂	0.0002
I＋G	0.01	乙基麦芽酚	微量
白砂糖	0.01	酵母味素	0.002
泡辣椒	0.2	80%食用乳酸	0.01
调味油	0.15	山梨酸钾	按照国家相关标准添加
脱盐海带丝	12	脱氢醋酸钠	按照国家相关标准添加
缓慢释放风味肉粉	0.02	品质改良剂	按照国家相关标准添加
清炖牛肉液体香精香料	0.001	增鲜剂	0.05
10%辣椒油树脂精油	0.001	牛油	0.02
青花椒树脂精油	0.01		

产品特点：具有传统的牛肉香味。

休闲海带丝在餐饮即食菜领域流行，几乎随处可吃到，因为口感不同，消费的层次也不同。自热烧烤、自热火锅、自热麻辣烫、自热串串香、自热米饭等都可采用其作为配菜，来满足消费者的选择，让味道成为代表性的做法。

四、休闲调味海带丝生产注意事项

休闲调味海带丝需要保证的是风味持久、一致。市场上的海带丝因部分香精风味较重，销售的生命期较短，难以畅销。大多数海带丝产品都是低价倾销。如何开发高品质的休闲调味海带丝才是这一行业的发展趋势。

第五节　休闲调味萝卜食品

萝卜食品在国内有良好的资源，尤其是高品质萝卜食品的开发备受消费者的欢迎。萝卜干因为吸收风味的能力较强，目前都是辣味居多，出奇的产品极少，有待于深度开发麻辣、烧烤、香辣等口味。吃后味道比较重、留味时间较长的风味会是未来消费的需求动向。萝卜干产业的优势较为明显，但是高品质的产品极少，尤其是口感成为一条线的萝卜干极少，而很多萝卜干浪费原料售价极低，这大大阻碍了萝卜干行业的发展。麻辣风味的萝卜干非常受消费者欢迎，这是一个好的动向，但是萝卜干的品质有待进一步提高。

一、休闲调味萝卜食品生产工艺流程

1. 休闲调味萝卜干生产工艺

萝卜干→发水浸泡→炒制→调味→包装→杀菌→检验→成品→包装→成品→检验→喷码→检查→装箱→封箱→加盖生产合格证→入库

2. 休闲调味萝卜生产工艺

萝卜→清洗→处理→浸泡→调味→包装→杀菌→检验→成品→包装→成品→检验→喷码→检查→装箱→封箱→加盖生产合格证→

入冷藏库

二、休闲调味萝卜食品生产技术要点

1. 萝卜干发水浸泡

萝卜干经过水法浸泡达到吸水的目的。市场上有的产品是经过泡制之后直接调味成成品。通常是浸泡到直接可以食用的程度，只需要做好防腐保鲜让产品储存更长时间即可。

2. 炒制

萝卜干经过炒制之后味道更加丰富，可以做成比较有特色的菜品工艺，这是炒制成高品质的萝卜干产品的关键。炒制是熟制的方式之一，其他熟制方式也可以使用。

3. 包装

萝卜干产品通常采用抽真空包装，也可以采用简装不杀菌直接销售到餐饮市场。萝卜食品经过浸泡之后直接调味，冷藏后直接销售，口感极好，包装方式为瓶装或者袋装，通常含有大量的水，水作为食品的一部分仍然可以直接食用，这是休闲萝卜食品当下在湘西北等地区流行的休闲调味吃法。

4. 杀菌

休闲调味萝卜干采用巴氏杀菌即可。若要提高品质也可以采用高温高压杀菌，这样不需要添加防腐剂。

5. 萝卜清洗

将新鲜的萝卜清洗干净，切成条状、丝状或者片状，便于在短时间内浸泡彻底。

6. 浸泡

浸泡根据需要而定，通常浸泡 8h 以上来保持萝卜的脆度。萝卜皮浸泡的效果好于萝卜。其他蔬菜也可以采用这样的方法来处理。

7. 调味

萝卜干调味是将调味料按照相应的比例搅拌均匀即可。但是萝卜是将浸泡好的萝卜含水或者不含水直接拌调味原料，搅拌均匀即可。杀菌和不杀菌的产品要求调味的程度不一样，因而产生不同的风味也很正常。萝卜食品的深度开发在于如何将调味做好。调味做好是这系列食品休闲化发展的关键之处。

三、休闲调味萝卜食品生产配方

1. 休闲调味香辣萝卜干配方1(表3－49)

表3－49　休闲调味香辣萝卜干配方1

原料	生产配方/kg	原料	生产配方/kg
萝卜干	80	辣椒红色素150E	0.001
食用油	2	辣椒香味提取物	0.0001
辣椒	2.5	食盐	3
谷氨酸钠	5	麻辣专用复合香料油	0.002
白砂糖	1	山梨酸钾	按照国家相关标准添加
水溶辣椒提取物	0.15	脱氢醋酸钠	按照国家相关标准添加
缓慢释放风味肉粉	0.2	品质改良剂	按照国家相关标准添加

产品特点:具有经典香辣特征风味,辣椒香而不辣。

2. 休闲调味香辣萝卜干配方2(表3－50)

表3－50　休闲调味香辣萝卜干配方2

原料	生产配方/kg	原料	生产配方/kg
萝卜干	100	水溶辣椒提取物	0.3
谷氨酸钠	0.9	白砂糖	2.3
食盐	3.5	麻辣专用复合香料	0.02
肉味粉	0.5	辣椒香味提取物	0.002
柠檬酸	0.2	辣味强化香料	0.2
辣椒油	3.2	山梨酸钾	按照国家相关标准添加

续表

原料	生产配方/kg	原料	生产配方/kg
I+G	0.04	脱氢醋酸钠	按照国家相关标准添加
乙基麦芽酚	0.02		

产品特点：香辣特征比较明显，辣味持久、留香自然。

3. 休闲调味香辣萝卜干配方3（表3-51）

表3-51　休闲调味香辣萝卜干配方3

原料	生产配方/kg	原料	生产配方/kg
萝卜干	100	红油豆瓣	5.3
食盐	1.5	脱皮白芝麻	5.1
谷氨酸钠	0.9	乙基麦芽酚	0.03
缓慢释放风味肉粉	0.2	麻辣专用调味油	0.1
柠檬酸	0.06	白砂糖	0.12
黑胡椒粉	0.08	山梨酸钾	按照国家相关标准添加
增鲜剂	0.05	脱氢醋酸钠	按照国家相关标准添加
辣椒提取物	0.1	品质改良剂	按照国家相关标准添加
芝麻提取物	0.02	风味调节剂	按照国家相关标准添加
食用油	4.8		

产品特点：具有传统香辣萝卜风味。

4. 休闲调味香辣萝卜干配方4（表3-52）

表3-52　休闲调味香辣萝卜干配方4

原料	生产配方/kg	原料	生产配方/kg
糊辣椒香味物质	0.02	辣椒红色素150E	0.001

续表

原料	生产配方/kg	原料	生产配方/kg
萝卜干	80	辣椒香味提取物	0.0001
食用油	2	食盐	3
辣椒	2.5	麻辣专用复合香料油	0.002
谷氨酸钠	5	山梨酸钾	按照国家相关标准添加
白砂糖	1	脱氢醋酸钠	按照国家相关标准添加
水溶辣椒提取物	0.15	品质改良剂	按照国家相关标准添加
缓慢释放风味肉粉	0.2		

产品特点:具有独有的糊辣椒香味。

5.休闲调味香辣萝卜干配方5(表3-53)

表3-53　休闲调味香辣萝卜干配方5

原料	生产配方/kg	原料	生产配方/kg
木姜子油	0.02	乙基麦芽酚	0.02
萝卜干	100	水溶辣椒提取物	0.3
谷氨酸钠	0.9	白砂糖	2.3
食盐	3.5	麻辣专用复合香料	0.02
缓慢释放风味肉粉	0.5	辣椒香味提取物	0.002
柠檬酸	0.2	辣味强化香料	0.2
辣椒油	3.2	山梨酸钾	按照国家相关标准添加
I+G	0.04	脱氢醋酸钠	按照国家相关标准添加

产品特点:具有苗家地道的酸汤风味。

6. 休闲调味香辣萝卜干配方6(表3－54)

表3－54　休闲调味香辣萝卜干配方6

原料	生产配方/kg	原料	生产配方/kg
萝卜干	15	黑胡椒提取物	0.0006
复合香辛料调味油	0.05	青花椒提取物	0.0001
山椒(含水)	2	辣根提取物	0.0002
缓慢释放风味肉粉	0.05	蒜香提取物	0.0004
谷氨酸钠	0.2	纯鸡油	0.05
I+G	0.01	鸡肉香精香料	0.0002
野山椒提取物	0.001	强化辣味口感香辛料	0.001
山椒香味提取物	0.0002	山梨酸钾	按照国家相关标准添加
柠檬酸	0.003		

产品特点:完全改变了原来萝卜干的地道风味,成为新派调味的演变基础。

7. 休闲调味麻辣萝卜干配方1(表3－55)

表3－55　休闲调味麻辣萝卜干配方1

原料	生产配方/kg	原料	生产配方/kg
食用油	8	辣椒香味提取物	0.001
萝卜干	82	食盐	3
辣椒	2.3	山梨酸钾	按照国家相关标准添加
谷氨酸钠	5	脱氢醋酸钠	按照国家相关标准添加
白砂糖	1	品质改良剂	按照国家相关标准添加
鲜辣椒提取物	0.14	风味调节剂	按照国家相关标准添加
缓慢释放风味肉粉	0.2	鲜青花椒	0.4
辣椒红色素150E	0.01		

产品特点:麻辣味突出,麻味持久。

8. 休闲调味麻辣萝卜干配方2(表3-56)

表3-56 休闲调味麻辣萝卜干配方2

原料	生产配方/kg	原料	生产配方/kg
萝卜干	100	调味油	0.2
食盐	1.4	红油豆瓣	5.8
谷氨酸钠	0.86	脱皮白芝麻	6.1
鸡粉	0.3	白砂糖	0.08
柠檬酸	0.05	乙基麦芽酚	0.04
黑胡椒粉	0.12	山梨酸钾	按照国家相关标准添加
增鲜剂	0.03	脱氢醋酸钠	按照国家相关标准添加
辣椒精	0.12	品质改良剂	按照国家相关标准添加
芝麻提取物	0.0002	麻辣专用调味油	0.22

产品特点:麻辣风味突出、口感持久、回味悠长。

9. 休闲调味麻辣萝卜干配方3(表3-57)

表3-57 休闲调味麻辣萝卜干配方3

原料	生产配方/kg	原料	生产配方/kg
萝卜干	100	花生油	4.6
食盐	1.6	红油豆瓣	5.4
谷氨酸钠	0.88	脱皮白芝麻	6.2
肉味粉	0.4	乙基麦芽酚	0.02
柠檬酸	0.06	甜味剂	0.04
黑胡椒提取物	0.18	山梨酸钾	按照国家相关标准添加
增鲜剂	0.03	脱氢醋酸钠	按照国家相关标准添加
辣椒提取物	0.16	青花椒提取物	0.2
芝麻香精	0.002		

产品特点:具有独特清香的麻味风味。

10. 休闲调味麻辣萝卜干配方4(表3-58)

表3-58　休闲调味麻辣萝卜干配方4

原料	生产配方/kg	原料	生产配方/kg
萝卜干	1000	I+G	0.06
食盐	15	青花椒提取物	2
谷氨酸钠	9	水溶辣椒提取物	3
肉味粉	5	白砂糖	1.8
柠檬酸	0.5	山梨酸钾	按照国家相关标准添加
辣椒油	200	脱氢醋酸钠	按照国家相关标准添加
鲜辣椒提取物	1.5	增脆剂	按照国家相关标准添加
黑胡椒粉	1.6	护色剂	按照国家相关标准添加
乙基麦芽酚	0.05		

产品特点:麻辣风味极其浓烈。

11. 休闲调味山椒味萝卜干配方(表3-59)

表3-59　休闲调味山椒味萝卜干配方

原料	生产配方/kg	原料	生产配方/kg
萝卜干	15	青花椒提取物	0.0001
山椒(含水)	2	辣根提取物	0.0002
缓慢释放风味肉粉	0.05	蒜香提取物	0.0004
谷氨酸钠	0.2	纯鸡油	0.05
I+G	0.01	鸡肉香精香料	0.0002
野山椒提取物	0.001	强化辣味口感香辛料	0.001
山椒香味提取物	0.0002	山梨酸钾	按照国家相关标准添加
柠檬酸	0.003	脱氢醋酸钠	按照国家相关标准添加
黑胡椒提取物	0.0006		

产品特点:独具特色的山椒风味。

12. 休闲调味萝卜干调味料配方(表 3－60)

表 3－60　休闲调味萝卜干调味料配方

原料	生产配方/kg	原料	生产配方/kg
食盐	7.8	甜味剂	0.16
增鲜复合调味料	2.2	清香花椒提取物	0.1
60 目辣椒粉	8.2	红烧肉味香精香料	0.05
花椒粉	1.6	花椒提取物	0.06
热反应鸡肉粉	8.8		

产品特点:将以上调味料按照萝卜干的 3.2% 进行添加,腌制即得到麻辣味萝卜干产品。萝卜干是近年来发展起来的休闲食品之一,调味时采用复合调味料进行调味,通常添加 3% ~5% 的复合调味料即可得到美味的萝卜干产品。

13. 休闲调味香辣味萝卜干调味料配方(表 3－61)

表 3－61　休闲调味香辣味萝卜干调味料配方

原料	生产配方/kg	原料	生产配方/kg
食盐	8.1	甜味剂	0.12
增鲜复合调味料	1.9	香葱提取物	0.9
60 目辣椒粉	6.6	牛肉味液体香精香料	0.02
FD 牛肉粉	2.6	辣椒香液体香精香料	0.05
热反应鸡肉粉	7.2		

产品特点:按照 4% 比例使用以上调味料可以做出香辣味萝卜干产品。

14. 休闲调味烤肉味(孜然香味)萝卜干调味料配方(表 3－62)

表 3－62　休闲调味烤肉味(孜然香味)萝卜干调味料配方

原料	生产配方/kg	原料	生产配方/kg
食盐	8	甜味剂	0.14

续表

原料	生产配方/kg	原料	生产配方/kg
增鲜复合调味料	2.6	孜然提取物	0.05
60 目辣椒粉	3.6	牛肉味液体香精香料	0.05
烤牛肉液体香精香料	0.2	孜然粉	0.5
热反应鸡肉粉	11		

产品特点：按照3.5%比例使用以上调味料可以做出烤肉味萝卜干产品。

15. 休闲调味萝卜皮配方（表3-63）

表3-63 休闲调味萝卜皮配方

原料	生产配方/kg	原料	生产配方/kg
萝卜皮	15	黑胡椒提取物	0.0006
山椒（含水）	2	青花椒提取物	0.0001
缓慢释放风味肉粉	0.05	辣根提取物	0.0002
谷氨酸钠	0.2	蒜香提取物	0.0004
I+G	0.01	纯鸡油	0.05
野山椒提取物	0.001	鸡肉香精香料	0.0002
山椒香味提取物	0.0002	强化辣味口感香辛料	0.001
柠檬酸	0.003		

产品特点：独具特色的萝卜皮风味，直接添加适量的水即可装瓶。

16. 休闲调味萝卜条配方（表3-64）

表3-64 休闲调味萝卜条配方

原料	生产配方/kg	原料	生产配方/kg
萝卜条	15	黑胡椒提取物	0.0006
山椒（含水）	2	青花椒提取物	0.0001
缓慢释放风味肉粉	0.05	辣根提取物	0.0002

续表

原料	生产配方/kg	原料	生产配方/kg
谷氨酸钠	0.2	蒜香提取物	0.0004
I+G	0.01	纯鸡油	0.05
野山椒提取物	0.001	鸡肉香精香料	0.0002
山椒香味提取物	0.0002	强化辣味口感香辛料	0.001
柠檬酸	0.003		

产品特点:萝卜条具有独特口感。

17. 休闲调味萝卜片配方(表3-65)

表3-65 休闲调味萝卜片配方

原料	生产配方/kg	原料	生产配方/kg
萝卜片	15	黑胡椒提取物	0.0006
山椒(含水)	2	青花椒提取物	0.0001
缓慢释放风味肉粉	0.05	辣根提取物	0.0002
谷氨酸钠	0.2	蒜香提取物	0.0004
I+G	0.01	纯鸡油	0.05
野山椒提取物	0.001	鸡肉香精香料	0.0002
山椒香味提取物	0.0002	强化辣味口感香辛料	0.001
柠檬酸	0.003		

产品特点:口感丰富,风味独特。

18. 休闲调味萝卜丝配方(表3-66)

表3-66 休闲调味萝卜丝配方

原料	生产配方/kg	原料	生产配方/kg
泡椒	2	特色增脆原料	0.001
鸡油香精	0.01	特色护色原料	0.001

续表

原料	生产配方/kg	原料	生产配方/kg
缓慢释放风味肉粉	0.005	特色香料	少许
增鲜剂	0.001	山梨酸钾	按照国家相关标准添加
白糖	0.05	脱氢醋酸钠	按照国家相关标准添加
萝卜丝	10	品质改良剂	按照国家相关标准添加
增鲜调味料	0.3	风味调节剂	按照国家相关标准添加
山椒提取物	0.001		

产品特点:可以直接食用,非常适合做餐饮食品。

休闲萝卜已经成为休闲即食菜,早餐配菜都有这样的小菜,快餐配套也有这样的小菜,作为航空食品的配套也有休闲萝卜干,自热食品系列也可以采用其作为配菜,可以大大改善自热米饭、自热火锅、自热烧烤等的口感。

四、休闲调味萝卜食品生产注意事项

在萝卜食品的生产过程或者是销售过程中,做好保质保鲜工作尤为重要。尤其是保证产品销售过程中保持相应的脆度、风味不发生改变,这才是立足之本。

第六节　休闲调味蕨菜

休闲调味蕨菜以香辣、麻辣风味为主,其他风味很难实现协调的效果。调味蕨菜,尤其是野生蕨菜深受消费者喜爱,市场发展良好。下面我们将利用对复合调味的研究,将载味体换成蕨菜调味,供诸位参考、借鉴。

一、休闲调味蕨菜生产工艺

蕨菜→整理→保鲜→蒸煮→调味→包装→高温杀菌→检验→喷码→检查→装箱→封箱→加盖生产合格证→入库

二、休闲调味蕨菜生产技术要点

1. 整理

将蕨菜整理干干净净,以便清除异物。

2. 保鲜

对蕨菜进行保鲜处理,保持蕨菜应有的水分和脆度,以便可以深度加工。但是也可以根据需要将蕨菜烘干,加工时再复水后进行制作,这样可以实现规模化大批量生产。

3. 蒸煮

让蕨菜蒸煮熟化后进行调味,这是标准化调味必不可少的一个步骤。

4. 调味

主要将有很多风味物质的原料和山野风味蕨菜结合起来,如何将香辛料和香精香料配合,如何达到消费者的需要口味非常关键。在调味过程中要完全按照配方进行调味,调味顺序、各种组分原料的多少、红油的配制是调味的关键细节。核心原料的添加是调味的关键;调味搅拌的时间,入味的过程以及原料如何入味也至关重要。

5. 高温杀菌及防腐保鲜

这两步很关键,不然产品容易出现胀袋现象。在杀菌方面,杀菌的时间和温度一定要准确,针对泡椒风味系列和野山椒风味系列采用巴氏杀菌即可。在防腐保鲜方面,采用脱氢醋酸钠和山梨酸钾进行防腐。目前市面上有的产品用的是山梨酸钾和苯甲酸钠,但不建议用苯甲酸钠,推荐用山梨酸钾和脱氢醋酸钠对蕨菜进行防腐处理。在清洗、保鲜、调味、杀菌及其生产环境、卫生消毒等方面采用食用消毒剂进行处理,也是非常理想的。

6. 复合调味应用

运用复合调味可以调试出多种特色化蕨菜,如泡椒味、红油味、野山椒味、酸辣味等。使用增脆剂可以增加蕨菜片的成型度,还可以保持良好的嚼劲;强化后味肉味香精香料和特征肉味香精香料是蕨菜休闲小食品的风味灵魂。这一系列产品以蕨菜为原料进行生产,具有很好的口碑和消费者的认知度,关键是如何将一个产品带动一个品牌,这至关重要。

三、休闲调味蕨菜风味化配方

1. 休闲调味香辣蕨菜配方(表 3 - 67)

表 3 - 67 休闲调味香辣蕨菜配方

原料	生产配方/kg	原料	生产配方/kg
熟制辣椒油	1	辣椒红色素 150E	0. 001
蕨菜	80	辣椒香味提取物	0. 0001
食用油	2	食盐	3
辣椒	2. 5	麻辣专用复合香料油	0. 002
谷氨酸钠	5	山梨酸钾	按照国家相关标准添加
白砂糖	1	脱氢醋酸钠	按照国家相关标准添加
水溶辣椒提取物	0. 15	品质改良剂	按照国家相关标准添加
缓慢释放风味肉粉	0. 2		

产品特点:该配方是辣椒可以直接食用的典型配方。

2. 休闲调味麻辣蕨菜配方 1(表 3 - 68)

表 3 - 68 休闲调味麻辣蕨菜配方 1

原料	生产配方/kg	原料	生产配方/kg
脱盐蕨菜	10	剁碎泡辣椒	0. 2

续表

原料	生产配方/kg	原料	生产配方/kg
油溶辣椒提取物	0.01	强化后味鸡肉粉状香精香料	0.003
增鲜剂	0.2	清香型青花椒树脂精油	0.002
水解植物蛋白粉	0.02	乙基麦芽酚	0.001
食盐	0.2	油辣椒（3:7 = 辣椒:色拉油）	1
谷氨酸钠	0.22	80%食用乳酸	0.02
I + G	0.01	甜味剂	0.001
白砂糖	0.05	增香剂	0.001
复合磷酸盐	0.005	山梨酸钾	按照国家相关标准添加
缓慢释放风味肉粉	0.01	脱氢醋酸钠	按照国家相关标准添加
热反应鸡肉粉状香精香料	0.01	品质改良剂	按照国家相关标准添加

产品特点:除麻辣风味特征以外还有牛肉香味和鸡肉香味的复合,是畅销的个性化麻辣休闲食品研发的参考配方之一。

3. 休闲调味麻辣蕨菜配方2(表3-69)

表3-69　休闲调味麻辣蕨菜配方2

原料	生产配方/kg	原料	生产配方/kg
蕨菜	100	食用油	4.8
食盐	1.5	红油豆瓣	5.3
谷氨酸钠	0.9	脱皮白芝麻	5.1
缓慢释放风味肉粉	0.2	乙基麦芽酚	0.03
柠檬酸	0.06	麻辣专用调味油	0.1

续表

原料	生产配方/kg	原料	生产配方/kg
黑胡椒粉	0.08	白砂糖	0.12
增鲜剂	0.05	山梨酸钾	按照国家相关标准添加
辣椒提取物	0.1	脱氢醋酸钠	按照国家相关标准添加
芝麻提取物	0.02	品质改良剂	按照国家相关标准添加

产品特点:蕨菜口感极佳,体现出香辛料和蕨菜口感结合的特点。

4. 休闲调味麻辣蕨菜配方3(表3-70)

表3-70　休闲调味麻辣蕨菜配方3

原料	生产配方/kg	原料	生产配方/kg
泡椒	2	特色增脆原料	0.001
鸡油香精	0.01	特色护色原料	0.001
缓慢释放风味肉粉	0.005	特色香料	少许
增鲜剂	0.001	山梨酸钾	按照国家相关标准添加
白糖	0.05	脱氢醋酸钠	按照国家相关标准添加
蕨菜	10	品质改良剂	按照国家相关标准添加
增鲜调味料	0.3	风味调节剂	按照国家相关标准添加
山椒提取物	0.001		

产品特点:可以直接食用的休闲蕨菜产品,非常适合做餐饮食品。

5. 休闲调味麻辣蕨菜配方4(表3－71)

表3－71　休闲调味麻辣蕨菜配方4

原料	生产配方/kg	原料	生产配方/kg
蕨菜	100	调味油	0.2
食盐	1.4	红油豆瓣	5.8
谷氨酸钠	0.86	脱皮白芝麻	6.1
鸡粉	0.3	白砂糖	0.08
柠檬酸	0.05	乙基麦芽酚	0.04
黑胡椒粉	0.12	山梨酸钾	按照国家相关标准添加
增鲜剂	0.03	脱氢醋酸钠	按照国家相关标准添加
辣椒精	0.12	品质改良剂	按照国家相关标准添加
芝麻提取物	0.0002	青花椒油	0.22

产品特点:风味比较独特、口感极其特殊、回味悠长。

6. 休闲调味麻辣蕨菜配方5(表3－72)

表3－72　休闲调味麻辣蕨菜配方5

原料	生产配方/kg	原料	生产配方/kg
蕨菜	100	芝麻香精	0.002
孜然提取物	0.1	花生油	4.6
食盐	1.6	红油豆瓣	5.4
谷氨酸钠	0.88	脱皮白芝麻	6.2
肉味粉	0.4	乙基麦芽酚	0.02
柠檬酸	0.06	甜味剂	0.04
黑胡椒提取物	0.18	山梨酸钾	按照国家相关标准添加
增鲜剂	0.03	脱氢醋酸钠	按照国家相关标准添加

续表

原料	生产配方/kg	原料	生产配方/kg
辣椒提取物	0.16	花椒提取物	0.2

产品特点：具有纯真的蕨菜口感和滋味。

7. 休闲调味麻辣蕨菜配方6（表3－73）

表3－73　休闲调味麻辣蕨菜配方6

原料	生产配方/kg	原料	生产配方/kg
蕨菜	1000	I＋G	0.06
食盐	15	鲜青花椒提取物	2
谷氨酸钠	9	水溶辣椒提取物	3
肉味粉	5	白砂糖	1.8
柠檬酸	0.5	山梨酸钾	按照国家相关标准添加
辣椒油	200	脱氢醋酸钠	按照国家相关标准添加
鲜辣椒提取物	1.5	增脆剂	按照国家相关标准添加
黑胡椒粉	1.6	护色剂	按照国家相关标准添加
乙基麦芽酚	0.05		

产品特点：辣味持久、香味自然、醇厚。

8. 休闲调味麻辣蕨菜配方7（表3－74）

表3－74　休闲调味麻辣蕨菜配方7

原料	生产配方/kg	原料	生产配方/kg
辣椒香味香精	0.05	缓慢释放风味肉粉	0.2
熟制辣椒油	1	辣椒红色素150E	0.001
蕨菜	80	辣椒香味提取物	0.0001

续表

原料	生产配方/kg	原料	生产配方/kg
食用油	2	食盐	3
辣椒	2.5	麻辣专用复合香料油	0.002
谷氨酸钠	5	山梨酸钾	按照国家相关标准添加
白砂糖	1	脱氢醋酸钠	按照国家相关标准添加
水溶辣椒提取物	0.15	品质改良剂	按照国家相关标准添加

产品特点:具有纯真辣椒香味的香辣蕨菜。

9. 休闲调味麻辣蕨菜配方8(表3-75)

表3-75　休闲调味麻辣蕨菜配方8

原料	生产配方/kg	原料	生产配方/kg
香菜籽油	0.02	乙基麦芽酚	0.02
萝卜干	100	水溶辣椒提取物	0.3
谷氨酸钠	0.9	白砂糖	2.3
食盐	3.5	麻辣专用复合香料	0.02
缓慢释放风味肉粉	0.5	辣椒香味提取物	0.002
柠檬酸	0.2	辣味强化香料	0.2
辣椒油	3.2	山梨酸钾	按照国家相关标准添加
I+G	0.04	脱氢醋酸钠	按照国家相关标准添加

产品特点:具有独特香味的香辣蕨菜口感和风味。

10. 休闲调味麻辣蕨菜配方9(表3-76)

表3-76 休闲调味麻辣蕨菜配方9

原料	生产配方/kg	原料	生产配方/kg
蕨菜	15	黑胡椒提取物	0.0006
复合香辛料调味油	0.05	青花椒提取物	0.0001
山椒(含水)	2	辣根提取物	0.0002
缓慢释放风味肉粉	0.05	蒜香提取物	0.0004
谷氨酸钠	0.2	纯鸡油	0.05
I+G	0.01	鸡肉香精香料	0.0002
野山椒提取物	0.001	强化辣味口感香辛料	0.001
山椒香味提取物	0.0002	山梨酸钾	按照国家相关标准添加
柠檬酸	0.003		

产品特点:具有独特的香辣特征。

11. 休闲调味泡椒蕨菜配方(表3-77)

表3-77 休闲调味泡椒蕨菜配方

原料	生产配方/kg	原料	生产配方/kg
脱盐蕨菜	10	乙基麦芽酚	0.001
油溶辣椒提取物	0.02	油辣椒 (3:7=辣椒:色拉油)	1
增鲜剂	0.2	80%食用乳酸	0.02
泡野山椒	2	甜味剂	0.001
谷氨酸钠	0.3	增香剂	0.001
I+G	0.01	山梨酸钾	按照国家相关标准添加
白砂糖	0.05	脱氢醋酸钠	按照国家相关标准添加

续表

原料	生产配方/kg	原料	生产配方/kg
缓慢释放风味肉粉	0.01	品质改良剂	按照国家相关标准添加
烤香鸡肉液体香精香料	0.001		

产品特点：麻辣风味与鸡肉特征香味复合，是畅销的个性化麻辣休闲食品研发的参考配方之一。

12. 休闲调味红油泡椒蕨菜配方1（表3-78）

表3-78　休闲调味红油泡椒蕨菜配方1

原料	生产配方/kg	原料	生产配方/kg
脱盐蕨菜	13	剁碎泡辣椒	1.4
食用增脆剂	0.1	油辣椒（3∶7=辣椒∶色拉油）	2.3
食盐	0.42	80%食用乳酸	0.01
谷氨酸钠	0.65	辣椒红色素10色价	0.01
I+G	0.03	山梨酸钾	按照国家相关标准添加
白砂糖	0.1	脱氢醋酸钠	按照国家相关标准添加
缓慢释放风味肉粉	0.05	品质改良剂	按照国家相关标准添加

产品特点：红油泡椒蕨菜的口味适合于大众，微辣持久的特色是畅销的关键。

调味的产品避免杀菌之后成为比较生硬的纤维组织，这样口感较差；味道比较差的主要原因是杀菌之后变味，也就是一些同类的蕨菜调味产品不被市场所接受的原因之一。采用一些调味原料及合理的配方比例是关键。

13. 休闲调味红油泡椒蕨菜配方2(表3-79)

表3-79　休闲调味红油泡椒蕨菜配方2

原料	生产配方/kg	原料	生产配方/kg
脱盐蕨菜	13	剁碎泡辣椒	1.25
食用增脆剂	0.03	油辣椒 (3:7=辣椒:色拉油)	1.048
食盐	0.42	80%食用乳酸	0.015
谷氨酸钠	0.46	辣椒红色素10色价	0.01
I+G	0.02	山梨酸钾	按照国家相关标准添加
白砂糖	0.2	脱氢醋酸钠	按照国家相关标准添加
缓慢释放风味肉粉	0.05	品质改良剂	按照国家相关标准添加

产品特点:红油泡椒蕨菜的口味适合于大众,微辣持久的特色是畅销的关键。

14. 休闲调味山椒蕨菜配方(表3-80)

表3-80　休闲调味山椒蕨菜配方

原料	生产配方/kg	原料	生产配方/kg
脱盐蕨菜	10	野山椒	1.6
清香型青花椒树脂精油	0.001	油辣椒 (3:7=辣椒:色拉油)	0.1
食盐	0.2	80%食用乳酸	0.015
谷氨酸钠	0.22	辣椒红色素10色价	0.01
缓慢释放风味肉粉	0.02	山梨酸钾	按照国家相关标准添加
I+G	0.01	脱氢醋酸钠	按照国家相关标准添加
白砂糖	0.02	品质改良剂	按照国家相关标准添加
野山椒液体香精香料	0.01		

产品特点:山椒香味的调味蕨菜休闲小吃,是蕨菜复合调味的研发的参考配方。

以上加工产品作为卤菜的即食菜最为常见,野菜成为配套菜系的代表之一,餐饮配套需求是必然的。自热火锅的配菜也在使用,改变其吃法和口感,自热米饭、自热重庆小面、自热麻辣烫等都可以直接作为配菜,满足越来越多的丰富口感。

第七节　休闲调味大头菜

利用大头菜加工成为奇特的香辣菜,可以实现农业产业化的标准进程,也是这一产品不断发展的趋势。大头菜的风味化改变了部分地区农业的现状,但是大头菜的休闲化还要走向高端化、精品化,只有这样才能带动这个行业的发展。

一、休闲调味大头菜生产工艺流程

食用菜籽油→加热→炒制→调味→杀菌→检验→成品→包装→成品→检验→喷码→检查→装箱→封箱→加盖生产合格证→入库

二、休闲调味大头菜生产技术要点

1. 辣椒的处理

辣椒品种以特选样品为准,炒制后兑冲成辣椒粉备用。

2. 大头菜的处理

采用切菜机将大头菜切成小丝。

3. 大头菜的调味

大头菜的调味即将调味原料与大头菜混合均匀即可。保证大头菜的味道一致性,尤其是杀菌之后风味的一致性是调味的关键。

三、休闲调味大头菜生产配方

1. 休闲调味香辣大头菜配方1(表3-81)

表3-81　休闲调味香辣大头菜配方1

原料	生产配方/kg	原料	生产配方/kg
猪油	1	辣椒红色素150E	0.001

续表

原料	生产配方/kg	原料	生产配方/kg
大头菜	80	辣椒香味提取物	0.0001
食用油	2	食盐	3
辣椒	2.5	麻辣专用复合香料油	0.002
谷氨酸钠	5	山梨酸钾	按照国家相关标准添加
白砂糖	1	脱氢醋酸钠	按照国家相关标准添加
水溶辣椒提取物	0.15	品质改良剂	按照国家相关标准添加
缓慢释放风味肉粉	0.2		

产品特点:采用猪油来调配大头菜可使其传统口感得到升级。这是与其他产品最大的区别。

2.休闲调味香辣大头菜配方2(表3-82)

表3-82　休闲调味香辣大头菜配方2

原料	生产配方/kg	原料	生产配方/kg
大头菜	100	芝麻提取物	0.02
食盐	1.5	食用油	4.8
谷氨酸钠	0.9	乙基麦芽酚	0.03
缓慢释放风味肉粉	0.2	麻辣专用调味油	0.1
柠檬酸	0.06	白砂糖	0.12
黑胡椒粉	0.08	山梨酸钾	按照国家相关标准添加
增鲜剂	0.05	脱氢醋酸钠	按照国家相关标准添加
辣椒提取物	0.1	品质改良剂	按照国家相关标准添加

产品特点:具有独特的香辣风味特征;香辣与肉素结合使香辣味比较突出。

3. 休闲调味香辣大头菜配方3(表3－83)

表3－83 休闲调味香辣大头菜配方3

原料	生产配方/kg	原料	生产配方/kg
大头菜	80	辣椒红色素150E	0.001
食用油	5	辣椒香味提取物	0.0001
辣椒	2.5	食盐	3
谷氨酸钠	5	麻辣专用复合香料油	0.002
白砂糖	1	山梨酸钾	按照国家相关标准添加
水溶辣椒提取物	0.15	脱氢醋酸钠	按照国家相关标准添加
缓慢释放风味肉粉	0.2	品质改良剂	按照国家相关标准添加

产品特点:独具特色的辣椒香味结合大头菜地道的口感,赋予缓慢释放风味肉感,使该产品有滋有味。

4. 休闲调味香辣大头菜配方4(表3－84)

表3－84 休闲调味香辣大头菜配方4

原料	生产配方/kg	原料	生产配方/kg
大头菜	100	辣椒提取物	0.1
糊辣椒香味物质	0.005	芝麻提取物	0.02
食盐	1.5	食用油	4.8
谷氨酸钠	0.9	乙基麦芽酚	0.03
缓慢释放风味肉粉	0.2	麻辣专用调味油	0.1
柠檬酸	0.06	白砂糖	0.12
黑胡椒粉	0.08	山梨酸钾	按照国家相关标准添加
增鲜剂	0.05	脱氢醋酸钠	按照国家相关标准添加

产品特点:具有糊辣椒香味,口感柔和,风味悠长。

5. 休闲调味香辣大头菜配方 5(表 3-85)

表 3-85　休闲调味香辣大头菜配方 5

原料	生产配方/kg	原料	生产配方/kg
增香剂	0.1	缓慢释放风味肉粉	0.2
大头菜	80	辣椒红色素 150E	0.001
食用油	2	辣椒香味提取物	0.0001
辣椒	2.5	食盐	3
谷氨酸钠	5	麻辣专用复合香料油	0.002
白砂糖	1	山梨酸钾	按照国家相关标准添加
水溶辣椒提取物	0.15	脱氢醋酸钠	按照国家相关标准添加

产品特点:辣椒香味突出,具有消费者熟悉的厨房炒制辣椒的香味,飘香效果极其普遍,备受消费者喜爱。

6. 休闲调味香辣大头菜配方 6(表 3-86)

表 3-86　休闲调味香辣大头菜配方 6

原料	生产配方/kg	原料	生产配方/kg
大头菜	15	黑胡椒提取物	0.0006
复合香辛料调味油	0.05	青花椒提取物	0.0001
野山椒(含水)	2	辣根提取物	0.0002
缓慢释放风味肉粉	0.05	蒜香提取物	0.0004
谷氨酸钠	0.2	纯鸡油	0.05
I+G	0.01	鸡肉香精香料	0.0002
野山椒提取物	0.001	强化辣味口感香辛料	0.001
野山椒香味提取物	0.0002	山梨酸钾	按照国家相关标准添加
柠檬酸	0.003		

产品特点:野山椒的熟悉风味备受消费者喜爱,这是消费者熟悉味道的强化。

7. 休闲调味香辣大头菜配方7(表3-87)

表3-87 休闲调味香辣大头菜配方7

原料	生产配方/kg	原料	生产配方/kg
牛油	1	缓慢释放风味肉粉	0.2
大头菜	80	辣椒红色素150E	0.001
食用油	2	辣椒香味提取物	0.0001
辣椒	2.5	食盐	3
谷氨酸钠	5	麻辣专用复合香料油	0.002
白砂糖	1	山梨酸钾	按照国家相关标准添加
水溶辣椒提取物	0.15	脱氢醋酸钠	按照国家相关标准添加

产品特点:辣椒的口感比较理想,尤其是天然的辣椒的口感升华,麻辣复合味极其独特。

8. 休闲调味香辣大头菜配方8(表3-88)

表3-88 休闲调味香辣大头菜配方8

原料	生产配方/kg	原料	生产配方/kg
花生油	1	缓慢释放风味肉粉	0.2
大头菜	80	辣椒红色素150E	0.001
食用油	2	辣椒香味提取物	0.0001
辣椒	2.5	食盐	3
谷氨酸钠	5	麻辣专用复合香料油	0.002
白砂糖	1	山梨酸钾	按照国家相关标准添加
水溶辣椒提取物	0.15	脱氢醋酸钠	按照国家相关标准添加

产品特点:通过辣椒独特的口感改变大头菜的风味,使大头菜的品质升华。

9. 休闲调味香辣大头菜配方9(表3-89)

表3-89　休闲调味香辣大头菜配方9

原料	生产配方/kg	原料	生产配方/kg
大头菜	100	辣椒提取物	0.1
木姜子油	0.005	芝麻提取物	0.02
食盐	1.5	食用油	4.8
谷氨酸钠	0.9	乙基麦芽酚	0.03
缓慢释放风味肉粉	0.2	麻辣专用调味油	0.1
柠檬酸	0.06	白砂糖	0.12
黑胡椒粉	0.08	山梨酸钾	按照国家相关标准添加
增鲜剂	0.05	脱氢醋酸钠	按照国家相关标准添加

产品特点:具有明显的清香味,辣味延长,天然的辣味口感引人入胜。该配方稍加改变即可成为多个品味参考。

10. 休闲调味香辣大头菜配方10(表3-90)

表3-90　休闲调味香辣大头菜配方10

原料	生产配方/kg	原料	生产配方/kg
复合增鲜剂	1	缓慢释放风味肉粉	0.2
大头菜	80	辣椒红色素150E	0.001
食用油	2	辣椒香味提取物	0.0001
辣椒	2.5	食盐	3
谷氨酸钠	5	麻辣专用复合香料油	0.002
白砂糖	1	山梨酸钾	按照国家相关标准添加
水溶辣椒提取物	0.15	脱氢醋酸钠	按照国家相关标准添加

产品特点:纯正的鲜味与大头菜结合,使其口感在鲜味方面优势明显。

11. 休闲调味香辣大头菜配方 11(表 3－91)

表 3－91　休闲调味香辣大头菜配方 11

原料	生产配方/kg	原料	生产配方/kg
大头菜	100	辣椒提取物	0.1
青花椒香味物质	0.009	芝麻提取物	0.02
食盐	1.5	食用油	4.8
谷氨酸钠	0.9	乙基麦芽酚	0.03
缓慢释放风味肉粉	0.2	麻辣专用调味油	0.1
柠檬酸	0.06	白砂糖	0.12
黑胡椒粉	0.08	山梨酸钾	按照国家相关标准添加
增鲜剂	0.05	脱氢醋酸钠	按照国家相关标准添加

产品特点:青花椒香味点缀效果较好,清香地道芝麻香味辅助,是其独具一格的产品特点。

12. 休闲调味香辣大头菜配方 12(表 3－92)

表 3－92　休闲调味香辣大头菜配方 12

原料	生产配方/kg	原料	生产配方/kg
大头菜	100	辣椒提取物	0.1
青辣椒香味物质	0.005	芝麻提取物	0.02
食盐	1.5	食用油	4.8
谷氨酸钠	0.9	乙基麦芽酚	0.03
缓慢释放风味肉粉	0.2	麻辣专用调味油	0.1
柠檬酸	0.06	白砂糖	0.12
黑胡椒粉	0.08	山梨酸钾	按照国家相关标准添加
增鲜剂	0.05	脱氢醋酸钠	按照国家相关标准添加

产品特点:具有清香辣椒风味特点,辣味优化效果好。

13. 休闲调味香辣大头菜配方13(表3-93)

表3-93　休闲调味香辣大头菜配方13

原料	生产配方/kg	原料	生产配方/kg
鸡油	1	缓慢释放风味肉粉	0.2
大头菜	80	辣椒红色素150E	0.001
食用油	2	辣椒香味提取物	0.0001
辣椒	2.5	食盐	3
谷氨酸钠	5	麻辣专用复合香料	0.004
白砂糖	1	山梨酸钾	按照国家相关标准添加
水溶辣椒提取物	0.15	脱氢醋酸钠	按照国家相关标准添加

产品特点:天然香辣风味是消费者需求的一大特征,也是调味配方的指导意义。

14. 休闲麻辣大头菜配方(表3-94)

表3-94　休闲麻辣大头菜配方

原料	生产配方/kg	原料	生产配方/kg
大头菜	1000	I+G	0.06
食盐	15	青花椒提取物	2
谷氨酸钠	9	水溶辣椒提取物	3
肉味粉	5	白砂糖	1.8
柠檬酸	0.5	山梨酸钾	按照国家相关标准添加
辣椒油	200	脱氢醋酸钠	按照国家相关标准添加
鲜辣椒提取物	1.5	增脆剂	按照国家相关标准添加
黑胡椒粉	1.6	护色剂	按照国家相关标准添加
乙基麦芽酚	0.05		

产品特点：口感独特、天然香味持久。

大头菜作为配菜是日常生活中常见的，作为卤菜的配菜多是麻辣风味，餐饮配菜、炒菜都在不断使用，作为馒头的伴侣是常有的，夹饼消费在北方常见，南方也有夹面包吃，提高消费的动感，为消费带来新的增值享受，连锁店的即食面配套，方便面伴侣使用以上配方的休闲大头菜，成为一大消费热点。

四、休闲调味大头菜生产注意事项

1. 休闲调味大头菜变脆原因分析及措施

大头菜经过发酵、盐渍后易使菜质发生变化。下面特对于大头菜变脆原因进行分析，同时通过多年食品研发的经验给出其解决变脆的相应技术措施。

(1)菜质失水

菜质中盐的含量和种类不同，导致水在菜质中的存在形式不一样，也就导致了菜质中游离水和自由水的组成，从而导致菜质水分流失，菜质变软而不脆。

(2)休闲调味大头菜组织发生变化

盐渍过程中因食盐的渗透和有盐发酵、微生物生长，导致菜的质量变软，而不脆。菜组织的变化尤其是大量乳酸发酵也是对菜变软很致命的，有效的控制发酵可以抑制菜变软，使大头菜变脆。

(3)细菌对菜产生破坏

细菌对菜的破坏是榨菜不脆不可不考虑的关键，如菜刚从地里收割回来，杂菌较多，合理的杀菌、去除杂菌非常关键，杂菌少了，发酵过程不易受影响，大头菜就较脆。

2. 菜质中微量元素的影响

菜品之中微量元素的存在也是决定着菜质变脆的因素，对于不同水源，制作的大头菜脆度不一样，也是很明显的。如水中的钠盐、钙盐、镁盐等对菜质变脆有帮助作用，有报道表明：锰含量较高的水质对制作大头菜的脆度破坏性很大。

3. 对增脆休闲调味大头菜增脆的措施

我们对于大头菜增脆采取了一系列的办法和措施，将提供以下几方面供参考：

（1）改变大头菜中水分的状态

通过改变加工工艺进行处理，如温水洗菜、盐水清洗等，同时添加一些适当的食品添加剂也可解决。

（2）盐渍过程控制杂菌的生长

对菜的初始含菌量进行控制，采用特效食用杀菌食品添加剂对菜的细菌进行控制，使其菜初始含菌量最少。

（3）采用食用增脆特效食品添加剂进行处理

这样可以使大头菜的脆度增加，可以添加的原料有：①钙盐，增强大头菜的微量元素的含量，增强大头菜的脆度；②复合磷酸盐，相关试验结论表明磷酸二氢钾对增加大头菜等盐渍菜的脆度效果非常好，可以取到保水、品质改良作用；③保水复配核心添加剂，这类原料也可增加大头菜的脆度。

4. 增脆措施的结果

对于以上增脆措施试用之后，大大增加了大头菜的脆度，提高了大头菜的口感，大头菜的嚼劲也得到改善。通过脆度的提高，我们很好地品尝到特色的大头菜口感。

第八节　休闲调味牛蒡

随着牛蒡出口的量减少，牛蒡的原料极其丰富。通过对牛蒡的吸收风味的研究，将牛蒡生产成为山椒风味将是未来一个不错的出路。但难点在于如何做成高品质的山椒风味。笔者经过多年研究，开发出许多具有特色风味的休闲调味牛蒡产品生产工艺与配方，以供广大读者参考、借鉴。

一、休闲调味牛蒡生产工艺流程

牛蒡→清洗→熟化→调味→包装→杀菌→成品→检验→喷码→检查→装箱→封箱→加盖生产合格证→入库

二、休闲调味牛蒡生产技术要点

1. 清洗

去掉牛蒡的皮和毛，清洁到可以直接食用为止。

2. 熟化

熟化之后方便调味，也可以采用冷冻熟化，冷冻熟化完全改变牛蒡的组织，这样入味的效果极佳。

3. 调味

调味关键在于选择合适的调味料，好的调味料让牛蒡的风味极其丰富，口感极其突出，具有更好的特点。

4. 包装

抽真空包装。

5. 杀菌

采用一般蔬菜的巴氏杀菌进行杀菌处理。

三、休闲调味牛蒡生产配方

1. 休闲调味麻辣山椒牛蒡配方(表3－95)

表3－95　休闲调味麻辣山椒牛蒡配方

原料	生产配方/kg	原料	生产配方/kg
增鲜剂	0.1	野山椒香味及口感提取物	0.01
水溶性辣椒提取物	0.02	野山椒	1.5
牛蒡丝	30	清香鲜青花椒提取物	0.015
食盐	0.6	干贝素	0.02
谷氨酸钠	0.9	增香剂	0.02

续表

原料	生产配方/kg	原料	生产配方/kg
I+G	0.03	山梨酸钾	按照国家相关标准添加
白砂糖	0.5	脱氢醋酸钠	按照国家相关标准添加
清香鸡肉风味提取物	0.05	缓慢释放风味肉粉	0.2
80%食用乳酸	0.03		

产品特点:具有麻辣山椒特色风味,口味纯正,回味较好。

2. 休闲调味麻辣藤椒牛蒡配方(表3-96)

表3-96　休闲调味麻辣藤椒牛蒡配方

原料	生产配方/kg	原料	生产配方/kg
增鲜剂	0.2	藤椒油	0.01
水溶性辣椒提取物	0.02	酸菜风味酱	1.5
牛蒡片	30	保鲜青花椒提取物	0.01
食盐	0.5	干贝素	0.03
谷氨酸钠	0.8	增香剂	0.04
I+G	0.02	山梨酸钾	按照国家相关标准添加
白砂糖	0.3	脱氢醋酸钠	按照国家相关标准添加
清香藤椒天然提取物	0.05	鸡粉	0.4
80%食用乳酸	0.03		

产品特点:藤椒香味独特,口感具有酸菜特有的持久微酸性。

3. 休闲调味野山椒味牛蒡配方(表3-97)

表3-97　休闲调味野山椒味牛蒡配方

原料	生产配方/kg	原料	生产配方/kg
增鲜剂	0.3	清香鸡肉液体香精香料	0.01

续表

原料	生产配方/kg	原料	生产配方/kg
水溶性辣椒提取物	0.02	野山椒	1.5
酵母味素	0.02	香辛料复合水溶性天然提取物	0.03
牛蒡片	30	干贝素	0.03
食盐	0.58	增香剂	0.02
谷氨酸钠	0.88	山梨酸钾	按照国家相关标准添加
I+G	0.04	脱氢醋酸钠	按照国家相关标准添加
甜味剂	0.05	泡菜天然提取物	0.01
野山椒天然风味提取物	0.05	缓慢释放风味肉粉	0.5
80%食用乳酸	0.03		

产品特点：具有野山椒独特的风味和口感，尤其是具有类似泡椒凤爪的口味。纯正的稳定野山椒风味是该配料的核心调味技巧。

4. 休闲调味泡椒牛肉味牛蒡配方（表3-98）

表3-98　休闲调味泡椒牛肉味牛蒡配方

原料	生产配方/kg	原料	生产配方/kg
泡菜香精香料	0.11	葱香牛肉膏状乳化类香精香料	0.05
水溶性辣椒天然提取物	0.04	泡辣椒	1.6
牛蒡粒	30	干红花椒天然提取物	0.01
食盐	0.62	干贝素	0.03
谷氨酸钠	0.88	增香剂	0.03
I+G	0.04	山梨酸钾	按照国家相关标准添加
甜味剂	0.04	脱氢醋酸钠	按照国家相关标准添加

续表

原料	生产配方/kg	原料	生产配方/kg
椒香牛肉液体香精香料	0.03	葱香牛肉粉状香精香料	0.3
80%食用乳酸	0.03	水溶性泡椒提取物	0.03
泡椒香精香料	0.02		

产品特点:口味醇和,肉味醇香,是素食类食品之一。

5. 休闲调味辣鸡翅味牛蒡配方(表3-99)

表3-99　休闲调味辣鸡翅味牛蒡配方

原料	生产配方/kg	原料	生产配方/kg
增鲜剂	0.2	80%食用乳酸	0.03
色拉油	0.1	五香料	0.01
水溶性辣椒提取物	0.04	烤鸡膏状乳化类香精香料	0.2
牛蒡	30	花椒油树脂精油	0.02
食盐	0.55	缓慢释放风味肉粉	0.2
谷氨酸钠	0.86	干贝素	0.02
I+G	0.04	增香剂	0.01
甜味剂	0.04	山梨酸钾	按照国家相关标准添加
辣椒籽油	0.05	脱氢醋酸钠	按照国家相关标准添加
烤鸡肉液体香精香料	0.01	热反应蒸煮鸡肉粉状香精香料	0.6

产品特点:具有特征性很强的烤鸡肉风味。

6. 休闲调味椒香牛蒡配方(表3-100)

表3-100　休闲调味椒香牛蒡配方

原料	生产配方/kg	原料	生产配方/kg
椒香强化液体天然提取物	0.02	清香型青花椒树脂精油	0.01
增鲜剂	0.2	强化后味鸡肉粉状香精香料	0.3
水溶性辣椒提取物	0.02	木姜子油	0.005
牛蒡条	30	干贝素	0.006
食盐	0.57	增香剂	0.01
谷氨酸钠	0.8	水解植物蛋白粉	0.05
I+G	0.03	山梨酸钾	按照国家相关标准添加
甜味剂	0.07	食用调和油	0.4
椒香牛肉液体香精香料	0.02	脱氢醋酸钠	按照国家相关标准添加
80%食用乳酸	0.03	椒香牛肉粉状香精香料	0.2
海南黑胡椒粉	0.05		

产品特点:椒香。如何实现椒香的特征是调味的技巧。

7. 休闲调味青椒牛蒡配方(表3-101)

表3-101　休闲调味青椒牛蒡配方

原料	生产配方/kg	原料	生产配方/kg
青椒香型液体香精香料	0.02	生姜香精香料	0.01
增鲜剂	0.2	青辣椒酱	1.2
水溶性辣椒提取物	0.04	花椒油树脂精油	0.01
牛蒡	30	海南白胡椒粉	0.02
食盐	0.52	干贝素	0.02

续表

原料	生产配方/kg	原料	生产配方/kg
谷氨酸钠	0.92	酵母味素	0.05
I+G	0.04	增香剂	0.03
甜味剂	0.04	山梨酸钾	按照国家相关标准添加
清香鸡肉液体香精香料	0.01	脱氢醋酸钠	按照国家相关标准添加
80%食用乳酸	0.03	强化后味鸡肉粉状香精香料	0.6

产品特点：后味较好，青辣椒香味比较明显，具有清香突出的特点，品质极其高，回味悠长。

8. 休闲调味山椒鸡味牛蒡配方（表 3－102）

表 3－102　休闲调味山椒鸡味牛蒡配方

原料	生产配方/kg	原料	生产配方/kg
油溶辣椒提取物	0.02	强化后味鸡肉粉状香精香料	0.05
食用增脆剂	0.03	清香鸡肉液体香精香料	0.03
增鲜剂	0.2	复合磷酸盐	按照国家相关标准添加
水溶性辣椒提取物	0.06	干贝素	0.02
牛蒡	40	增香剂	0.03
食盐	0.13	野山椒	0.06
谷氨酸钠	0.51	山梨酸钾	按照国家相关标准添加
I+G	0.03	泡椒液体香精香料	0.002
甜味剂	0.08	脱氢醋酸钠	按照国家相关标准添加
酱香猪肉液体香精香料	0.02	食用调和油	0.3
80%食用乳酸	0.22		

产品特点：山椒鸡肉味独特，回味无穷。

9. 休闲调味泡椒鸡风味牛蒡配方(表3-103)

表3-103 休闲调味泡椒鸡风味牛蒡配方

原料	生产配方/kg	原料	生产配方/kg
食用增脆剂	1	清香鸡肉液体香精香料	0.03
增鲜剂	0.2	复合磷酸盐	按照国家相关标准添加
水溶性辣椒提取物	0.04	干贝素	0.02
牛蒡	100	增香剂	0.03
鸡油香型液体香精香料	0.1	野山椒	20
谷氨酸钠	3	山梨酸钾	按照国家相关标准添加
I+G	0.15	泡椒液体香精香料	0.02
白砂糖	1	脱氢醋酸钠	按照国家相关标准添加
辣椒红油(朝天椒:色拉油=3:7)	6	食用调和油	0.3
强化后味鸡肉粉状香精香料	0.02		

产品特点:具有泡椒鸡肉风味。

10. 休闲调味红油泡椒味牛蒡配方1(表3-104)

表3-104 休闲调味红油泡椒味牛蒡配方1

原料	生产配方/kg	原料	生产配方/kg
食用增脆剂	0.07	强化后味鸡肉粉状香精香料	0.06
牛蒡	23	复合磷酸盐	按照国家相关标准添加
鸡油香型液体香精香料	0.02	大红袍花椒粉	0.088

续表

原料	生产配方/kg	原料	生产配方/kg
谷氨酸钠	0.8	剁泡辣椒	2
食盐	0.4	山梨酸钾	按照国家相关标准添加
80%食用乳酸	0.03	泡椒液体香精香料	0.002
I+G	0.02	脱氢醋酸钠	按照国家相关标准添加
白砂糖	0.1	辣椒红色素10色价	0.03
辣椒红油（朝天椒:色拉油=3:7）	2		

产品特点：具有良好的口感和滋味。

11. 休闲调味红油泡椒味牛蒡配方2（表3-105）

表3-105　休闲调味红油泡椒味牛蒡配方2

原料	生产配方/kg	原料	生产配方/kg
食用增脆剂	0.07	热反应鸡肉粉状香精香料	0.05
牛蒡	25	复合磷酸盐	按照国家相关标准添加
鸡油香型液体香精香料	0.02	大红袍花椒粉	0.09
谷氨酸钠	0.86	剁泡辣椒	2.2
80%食用乳酸	0.03	山梨酸钾	按照国家相关标准添加
I+G	0.02	1%辣椒精	0.03
白砂糖	0.22	脱氢醋酸钠	按照国家相关标准添加
辣椒红油（朝天椒:色拉油=3:7）	3.2	辣椒红色素10色价	0.03

产品特点：辣味柔和；调味成本较低，可供多数调味牛蒡研究作参考。

12. 休闲调味红油泡椒牛蒡配方3(表3－106)

表3－106　休闲调味红油泡椒牛蒡配方3

原料	生产配方/kg	原料	生产配方/kg
食用增脆剂	0.028	大红袍花椒粉	0.03
牛蒡	10	剁泡辣椒	0.88
鸡油香型液体香精香料	0.08	山梨酸钾	按照国家相关标准添加
谷氨酸钠	0.32	泡椒液体香精香料	0.001
80%食用乳酸	0.012	脱氢醋酸钠	按照国家相关标准添加
I+G	0.01	辣椒红色素10色价	0.012
白砂糖	0.088	1%辣椒精	0.01
辣椒红油(朝天椒:色拉油=3:7)	1.2	泡椒提取物	0.1
复合磷酸盐	按照国家相关标准添加		

产品特点:直接根据以上配方调味即可得到红油泡椒味牛蒡产品。

13. 休闲调味红椒牛蒡配方(表3－107)

表3－107　休闲调味红椒牛蒡配方

原料	生产配方/kg	原料	生产配方/kg
食用增脆剂	0.02	强化后味鸡肉粉状香精香料	0.1
牛蒡条	7.1	复合磷酸盐	按照国家相关标准添加
鸡油香型液体香精香料	0.02	辣椒精	0.02
谷氨酸钠	0.3	泡红辣椒丝	0.05
I+G	0.01	山梨酸钾	按照国家相关标准添加
80%食用乳酸	0.01	泡椒液体香精香料	0.001

续表

原料	生产配方/kg	原料	生产配方/kg
白砂糖	0.05	脱氢醋酸钠	按照国家相关标准添加
色拉油	0.5		

产品特点：辣味纯正回味无穷。

14. 休闲调味野山椒牛蒡配方（表3-108）

表3-108　休闲调味野山椒牛蒡配方

原料	生产配方/kg	原料	生产配方/kg
食用增脆剂	0.05	复合磷酸盐	按照国家相关标准添加
牛蒡	13	野山椒（固形物50%）	4.5
鸡油香型液体香精香料	0.02	复配鸡肉粉状香精香料	0.1
谷氨酸钠	0.4	山梨酸钾	按照国家相关标准添加
80%食用乳酸	0.02	野山椒香型液体香精香料	0.001
I+G	0.01	脱氢醋酸钠	按照国家相关标准添加
白砂糖	0.1	增香剂	0.01
色拉油	0.3	1%辣椒精	0.01

产品特点：具有纯正野山椒风味。

15. 休闲调味泡椒牛蒡配方（表3-109）

表3-109　休闲调味泡椒牛蒡配方

原料	生产配方/kg	原料	生产配方/kg
食用增脆剂	0.05	泡辣椒	10
牛蒡	15	清香鸡肉香型香辛料提取物	0.04
谷氨酸钠	0.6	山梨酸钾	按照国家相关标准添加

续表

原料	生产配方/kg	原料	生产配方/kg
80%食用乳酸	0.02	泡椒液体天然香辛料提取物	0.001
白砂糖	0.1	脱氢醋酸钠	按照国家相关标准添加
色拉油	0.4	食盐	0.4
复合磷酸盐	按照国家相关标准添加	1%辣椒精	0.01

产品特点:具有纯正泡辣椒风味。

16. 休闲调味山椒牛肉香型牛蒡配方(表3-110)

表3-110　休闲调味山椒牛肉香型牛蒡配方

原料	生产配方/kg	原料	生产配方/kg
牛排香型液体香精香料	0.02	野山椒	2
牛蒡	30	山梨酸钾	按照国家相关标准添加
谷氨酸钠	0.8	野山椒天然香辛料提取物	0.05
白砂糖	0.5	脱氢醋酸钠	按照国家相关标准添加
色拉油	0.4	食盐	0.9
复合磷酸盐	按照国家相关标准添加	增香剂	0.01

产品特点:野山椒风味与牛肉风味融为一体,口感独特。

17. 休闲调味剁椒红油牛蒡配方(表3-111)

表3-111　休闲调味剁椒红油牛蒡配方

原料	生产配方/kg	原料	生产配方/kg
增香剂	0.05	剁泡辣椒	1
牛蒡	10	肉宝王液体香精香料	0.04
谷氨酸钠	0.4	山梨酸钾	按照国家相关标准添加

续表

原料	生产配方/kg	原料	生产配方/kg
80% 食用乳酸	0.03	脱氢醋酸钠	按照国家相关标准添加
白砂糖	0.05	食盐	0.2
红油 (色拉油:子弹头 =7:3)	1.2	椒香强化天然香辛料提取物	0.01
复合磷酸盐	按照国家相关标准添加		

产品特点:椒香、肉香、清香、泡椒风味融为一体,口感独特。

18. 休闲调味焦香野山椒牛蒡配方(表 3-112)

表 3-112 休闲调味焦香野山椒牛蒡配方

原料	生产配方/kg	原料	生产配方/kg
增香剂	0.02	食盐	0.4
牛蒡	10	白砂糖	0.1
谷氨酸钠	0.4	野山椒	4.5
80% 食用乳酸	0.02	焦香牛肉液体香精香料	0.002

产品特点:配方简单容易操作,便于生产。

19. 休闲调味双椒风味牛蒡配方(表 3-113)

表 3-113 休闲调味双椒风味牛蒡配方

原料	生产配方/kg	原料	生产配方/kg
增香剂	0.02	80% 食用乳酸	0.02
牛蒡	10	白砂糖	0.1
食盐	0.3	野山椒	4.5
泡红辣椒丝	5.5	醇香牛肉液体香精香料	0.003
谷氨酸钠	0.4		

产品特点:调味后的双椒风味将野山椒、泡红辣椒结合在一起,风味独特,色香味美。

20. 休闲调味香辣味牛蒡配方1(表3-114)

表3-114 休闲调味香辣味牛蒡配方1

原料	生产配方/kg	原料	生产配方/kg
增鲜剂	0.12	红葱天然提取物	0.01
水溶性辣椒提取物	0.03	泡辣椒	1.5
无盐竹笋	30	新鲜红花椒天然提取物	0.01
食盐	0.48	干贝素	0.02
谷氨酸钠	0.82	增香剂	0.03
I+G	0.03	山梨酸钾	按照国家相关标准添加
甜味剂	0.06	脱氢醋酸钠	按照国家相关标准添加
烤香牛肉香型液体香精香料	0.05	热反应牛肉粉状香精香料	0.5
80%食用乳酸	0.03		

产品特点:具有香辣味牛蒡休闲食品特征性香味、口感和回味;肉味原料与牛蒡结合赋予其清香风味。

21. 休闲调味香辣味牛蒡配方2(表3-115)

表3-115 休闲调味香辣味牛蒡配方2

原料	生产配方/kg	原料	生产配方/kg
糊辣椒	0.3	食盐	0.2
牛蒡颗粒	15	天然辣椒提取物	0.01
野山椒酱	2	山梨酸钾	按照国家相关标准添加
缓慢释放风味肉粉	0.005	脱氢乙酸钠	按照国家相关标准添加
谷氨酸钠	0.2	柠檬酸	0.0003
I+G	0.01	野山椒提取物	0.0003

产品特点:具有特色口感和香型的香辣味。

22. 休闲调味香辣味牛蒡配方3(表3-116)

表3-116　休闲调味香辣味牛蒡配方3

原料	生产配方/kg	原料	生产配方/kg
牛蒡颗粒	15	食盐	0.2
香辣专用酱油醋	0.2	天然辣椒提取物	0.01
野山椒酱	2	山梨酸钾	按照国家相关标准添加
缓慢释放风味肉粉	0.005	脱氢乙酸钠	按照国家相关标准添加
谷氨酸钠	0.2	柠檬酸	0.0003
I+G	0.01	野山椒提取物	0.0003

产品特点:口感独特。

23. 休闲调味香辣味牛蒡配方4(表3-117)

表3-117　休闲调味香辣味牛蒡配方4

原料	生产配方/kg	原料	生产配方/kg
牛蒡	100	水溶辣椒提取物	0.3
谷氨酸钠	0.9	白砂糖	2.3
食盐	3.5	麻辣专用调味原料	0.02
缓慢释放风味肉粉	0.5	辣椒香味天然香辛料提取物	0.002
柠檬酸	0.2	辣椒红色素	适量
辣椒油	3.2	山梨酸钾	按照国家相关标准添加
I+G	0.04	品质改良剂	按照国家相关标准添加
乙基麦芽酚	0.02		

产品特点:具有独特香辣口感和滋味。

24. 休闲调味麻辣牛蒡配方1（表3-118）

表3-118 休闲调味麻辣牛蒡配方1

原料	生产配方/kg	原料	生产配方/kg
油溶辣椒提取物	0.02	辣椒酱	1.8
增鲜剂	0.4	青花椒油树脂精油	0.02
水溶性辣椒提取物	0.04	酵母味素	0.03
牛蒡	30	干贝素	0.02
食盐	0.61	增香剂	0.03
谷氨酸钠	0.89	郫县豆瓣粉	0.08
I+G	0.04	山梨酸钾	按照国家相关标准添加
甜味剂	0.07	五香粉	0.1
酱香猪肉液体香精香料	0.02	脱氢醋酸钠	按照国家相关标准添加
80%食用乳酸	0.03	食用调和油	0.4
强化后味鸡肉粉状香精香料	0.3	缓慢释放风味肉粉	0.42

新型麻辣风味牛蒡是创新畅销的牛蒡风味之一，也是多个品牌均有的典型风味。作为一个牛蒡生产调味的企业，针对配方中的原料进行选择，调配实现消费者认可的麻辣味，进行盲测达到消费者的认可最为关键。同时也可以研发烤肉味、孜然味、烧烤味、鸡肉味、咖喱味、蒜香味等多达上百个的调味牛蒡系列休闲食品。

25. 休闲调味麻辣牛蒡配方2（表3-119）

表3-119 休闲调味麻辣牛蒡配方2

原料	生产配方/kg	原料	生产配方/kg
食用油	9	缓慢释放风味肉粉	0.2
牛蒡	79.5	辣椒红色素150E	0.01
花椒	0.4	辣椒天然香味物质	0.0001

续表

原料	生产配方/kg	原料	生产配方/kg
辣椒	2.3	食盐	3
谷氨酸钠	5	山梨酸钾	按照国家相关标准添加
白砂糖	1	品质改良剂	按照国家相关标准添加
水溶辣椒提取物	0.14		

产品特点:该工艺做出来的产品放置一段时间后,辣椒和花椒的辣味和麻味减少,牛蒡的麻辣味增加,这是新型调味的结果。花椒为颗粒的花椒。

26. 休闲调味麻辣牛蒡配方3(表3-120)

表3-120 休闲调味麻辣牛蒡配方3

原料	生产配方/kg	原料	生产配方/kg
食用油	9	缓慢释放风味肉粉	0.2
牛蒡	79.5	辣椒红色素150E	0.01
青花椒	0.4	辣椒天然香味物质	0.0001
辣椒	2.3	食盐	3
谷氨酸钠	5	山梨酸钾	按照国家相关标准添加
白砂糖	1	品质改良剂	按照国家相关标准添加
水溶辣椒提取物	0.14		

产品特点:青花椒的麻味会减少,辣椒和花椒可以直接吃,这是其区别与其他配方之处,也是麻辣风味的独特做法。

以上这些产品可以作为即食菜,给消费带来不同口感,丰富消费场景,作为自热火锅、自热麻辣烫、自热重庆小面、自热米饭等配菜,一般每份10g即可。

四、休闲调味牛蒡生产注意事项

根据牛蒡的特点将牛蒡做成休闲化食品之前，可以将这样的产品作为餐饮配菜试销，一旦消费者认可再进行工业化休闲化推广，这样才不至于浪费原料和包装。

第九节　休闲调味甜瓜丝

将甜瓜加工成为休闲产品，成为一些甜瓜资源丰富的地区的出路。但是甜瓜的保质保鲜是一大难题，很多精深加工企业仍然难以处理这个问题。解决好甜瓜的工业化生产是未来甜瓜产业发展的必然趋势。如何将瓜类加工成口感好、风味自然，消费者喜爱的休闲食品是农产品加工的关键。甜瓜休闲食品以天然的甜瓜作为原料可制造成为高附加值食品。甜瓜干甜味独特，麻辣调味技巧用于特殊的调味使其成为典型的风味食品，也是少有的休闲食品之一。甜味成就独有辣味、香味食品。

一、休闲调味甜瓜丝生产工艺流程

甜瓜→清理→切丝→腌制→烘烤→调味→成品→检验→喷码→检查→装箱→封箱→加盖生产合格证→入库

二、休闲调味甜瓜丝生产技术要点

1. 甜瓜的清理

先将瓜清理干净，去除死皮和不良瓜组织的肌肉，以免影响后期加工，同时将瓜内籽粒去掉，切除瓜肉类死结的坚硬部分，以免在干制后形成硬食物，清理后的甜瓜比较容易变色，需要及时加工处理。

2. 切丝

采用切菜机切成丝状，尽量做到均匀一致，避免大小不一致的甜瓜丝导致成品变成粉末或者难以烘烤。

3. 腌制

采用食盐腌制60min,腌制过程中瓜内一些水分会不断溢出,要将瓜内的多余水分沥干,这样的话烘烤才容易进行。腌制程序是:先用食盐腌制沥出大量水分,30min之后沥干,翻匀15min后再添加一些比较容易入味的鲜味物质肉鲜素、水溶性耐高温辣椒香精、复合氨基酸、共结晶I+G、水解动物蛋白进行腌制入味,这样在烘烤之前的瓜丝具有良好的风味,而不是没有风味的瓜丝。

4. 烘烤

将腌制后的甜瓜丝放入烘盘进行烤制,烤制温度100℃,2h。烘烤的程度为浅黄色、半干状态,但同时不能过于干燥,干燥会导致烤糊或者易碎、造成不良口感而且调味时难以处理。

三、休闲调味甜瓜丝生产配方

1. 休闲调味孜然烧烤味甜瓜丝配方(表3-121)

表3-121　休闲调味孜然烧烤味甜瓜丝配方

原料	生产配方/kg	原料	生产配方/kg
甜瓜丝	380	I+G	0.05
食盐	1.5	天然辣椒香味提取物	0.21
水溶性辣椒辣味提取物	0.1	辣椒粉	2
甜瓜丝专用增鲜调味料	1.4	花椒粉	0.42
缓慢释放风味肉粉	0.2	复合辣味提取物	0.06
强化后味香原料	0.12	孜然烧烤味香味提取物	0.02
水解植物蛋白	0.22		

产品特点:具有烧烤特征的风味和口感,也是创新甜瓜丝风味之一。

2. 休闲调味麻辣甜瓜丝配方(表3-122)

表3-122　休闲调味麻辣甜瓜丝配方

原料	生产配方/kg	原料	生产配方/kg
甜瓜丝	380	I+G	0.05

续表

原料	生产配方/kg	原料	生产配方/kg
食盐	1.5	天然辣椒香味提取物	0.21
水溶性辣椒辣味提取物	0.1	辣椒粉	2
甜瓜丝专用增鲜调味料	1.4	花椒粉	0.42
缓慢释放风味肉粉	0.2	辣椒辣味提取物	0.06
强化后味香原料	0.12	花椒香味提取物	0.02
水解植物蛋白	0.22		

产品特点:具有明显的麻辣风味特征和口感,是创新调味的基础配方,也是重点解决甜瓜过剩的最有效办法,是甜瓜这一农产品精深加工的最佳出路。

3.休闲调味香辣甜瓜丝配方(表3-123)

表3-123 休闲调味香辣甜瓜丝配方

原料	生产配方/kg	原料	生产配方/kg
甜瓜丝	380	I+G	0.05
食盐	1.5	天然辣椒香味提取物	0.21
水溶性辣椒辣味提取物	0.1	辣椒粉	2
甜瓜丝专用增鲜调味料	1.4	花椒粉	0.42
缓慢释放风味肉粉	0.2	复合香辣味提取物	0.06
强化后味香原料	0.12	天然香辣味提取物	0.02
水解植物蛋白	0.22		

产品特点:独特的口感成为该配方的最大特点。

4.休闲调味牛肉味甜瓜丝配方(表3-124)

表3-124 休闲调味牛肉味甜瓜丝配方

原料	生产配方/kg	原料	生产配方/kg
牛肉味天然香辛料提取物	0.004	水解植物蛋白	0.22
甜瓜丝	380	I+G	0.05
食盐	1.5	天然辣椒香味提取物	0.21

续表

原料	生产配方/kg	原料	生产配方/kg
水溶性辣椒辣味提取物	0.1	辣椒粉	2
甜瓜丝专用增鲜调味料	1.4	花椒粉	0.42
缓慢释放风味肉粉	0.2	牛肉粉	0.2
强化后味香原料	0.12	牛肉香味香精香料	0.02

产品特点：具有牛肉香味的甜瓜丝产品，这是对干制牛肉味甜瓜丝产品的创新之作。

5. 休闲调味鸡肉味甜瓜丝配方（表 3－125）

表 3－125　休闲调味鸡肉味甜瓜丝配方

原料	生产配方/kg	原料	生产配方/kg
甜瓜丝	380	天然辣椒香味提取物	0.21
食盐	1.5	辣椒粉	2
水溶性辣椒辣味提取物	0.1	花椒粉	0.42
甜瓜丝专用增鲜调味料	1.4	辣椒辣味提取物	0.06
缓慢释放风味肉粉	0.2	花椒香味提取物	0.02
强化后味香原料	0.12	鸡肉味香辛料提取物	0.02
水解植物蛋白	0.22	鸡肉粉	0.3
I＋G	0.05		

产品特点：具有鸡肉风味特征的休闲甜瓜丝产品。

6. 休闲调味五香味甜瓜丝配方（表 3－126）

表 3－126　休闲调味五香味甜瓜丝配方

原料	生产配方/kg	原料	生产配方/kg
甜瓜丝	380	天然辣椒香味提取物	0.21
食盐	1.5	辣椒粉	2

续表

原料	生产配方/kg	原料	生产配方/kg
水溶性辣椒辣味提取物	0.1	花椒粉	0.42
甜瓜丝专用增鲜调味料	1.4	辣椒辣味提取物	0.02
缓慢释放风味肉粉	0.2	花椒香味提取物	0.01
强化后味香原料	0.12	复合香辛料提取物	0.02
水解植物蛋白	0.22	五香粉	0.3
I+G	0.05		

产品特点:具有五香风味的甜瓜丝产品配方,是多种风味创新的基础和衍生,也是甜瓜丝产业化的必然。

7.休闲调味卤香甜瓜丝配方(表3-127)

表3-127 休闲调味卤香甜瓜丝配方

原料	生产配方/kg	原料	生产配方/kg
甜瓜丝	380	天然辣椒香味提取物	0.21
食盐	1.5	辣椒粉	2
水溶性辣椒辣味提取物	0.1	花椒粉	0.42
甜瓜丝专用增鲜调味料	1.4	辣椒辣味提取物	0.02
缓慢释放风味肉粉	0.2	花椒香味提取物	0.01
强化后味香原料	0.12	卤香风味复合香辛料提取物	0.04
水解植物蛋白	0.22	卤香专用复合调味油	0.3
I+G	0.05		

产品特点:具有卤香风味的甜瓜丝,这是多角度创新风味的研究,也是如何将甜瓜丝产业化的探索。

休闲甜瓜是作为即食的休闲吃法,可以作为酸奶的配套吃法,也可以做创新的吃法游戏,休闲甜瓜丝口感味道深远。

四、休闲调味甜瓜丝生产注意事项

甜瓜丝作为独特性的农产品,如何加工好、销售好,如何满足新兴的消费趋势,才是未来甜瓜丝不断满足市场需求的关键,从细处入手,先让甜瓜丝被一部分消费者接受,再在一定消费基础上开发甜瓜丝系列产品。

第十节 休闲调味马齿苋

将马齿苋深度利用加工成为麻辣、香辣口味的即食菜肴,也可成为休闲即食的菜,至于原料利用有待于深度考究。

一、休闲调味马齿苋生产工艺流程

马齿苋→清理→切细→炒制→调味→杀菌→成品→检验→喷码→检查→装箱→封箱→加盖生产合格证→入库

二、休闲调味马齿苋生产技术要点

1. 马齿苋清理

将马齿苋中的异物去掉,清理干净,至可以直接食用的程度。

2. 切细

将马齿苋切细,以便炒制、食用、包装等,也更有利于产品入味。

3. 炒制

加入少许色拉油直接炒制到熟化可以直接食用即可。

4. 调味

按照相应的配方将调味料加入炒制好的马齿苋之中,搅拌均匀即可。部分调味原料需要特殊处理之后使用,只有这样才能满足调味的需求。

5. 杀菌

采用水浴杀菌即可实现保质。

三、休闲调味马齿苋生产配方

1. 休闲调味麻辣马齿苋配方(表3－128)

表3－128　休闲调味麻辣马齿苋配方

原料	生产配方/kg	原料	生产配方/kg
食用油	9	水溶辣椒提取物	0.14
花椒	0.2	缓慢释放风味肉粉	0.2
马齿苋	79.5	辣椒红色素150E	0.01
辣椒	2.3	辣椒天然香味物质	0.003
谷氨酸钠	5	食盐	3
白砂糖	1	山梨酸钾	按照国家相关标准添加

产品特点:具有独特麻辣风味。

辣椒需要经过炒脆之后捣碎,然后加一定比例的水来使用,这样辣味和口感均比较理想。花椒采用颗粒状的花椒。辣椒和花椒可以直接食用。

2. 休闲调味香辣马齿苋配方1(表3－129)

表3－129　休闲调味香辣马齿苋配方1

原料	生产配方/kg	原料	生产配方/kg
食用油	9	水溶辣椒提取物	0.14
香辣专用调味油	0.1	缓慢释放风味肉粉	0.2
马齿苋	79.5	辣椒红色素150E	0.01
辣椒	2.3	辣椒天然香味物质	0.003
谷氨酸钠	5	食盐	3
白砂糖	1	山梨酸钾	按照国家相关标准添加

产品特点:香辣风味独特,具有消费者熟悉的风味和口感。

辣椒需要经过炒脆之后捣碎，然后加一定比例的水来使用，这样辣味和口感均比较理想。

3. 休闲调味香辣马齿苋配方2（表3-130）

表3-130　休闲调味香辣马齿苋配方2

原料	生产配方/kg	原料	生产配方/kg
煮熟后的马齿苋	100	乙基麦芽酚	0.02
谷氨酸钠	0.9	水溶辣椒提取物	0.3
食盐	3.5	白砂糖	2.3
缓慢释放风味肉粉	0.5	麻辣专用调味原料	0.02
柠檬酸	0.2	辣椒香精	0.002
辣椒油	3.2	辣椒红色素	适量
I+G	0.04	山梨酸钾	按照国家相关标准添加

产品特点：具有香辣特征风味。

4. 休闲调味烧烤味马齿苋配方（表3-131）

表3-131　休闲调味烧烤味马齿苋配方

原料	生产配方/kg	原料	生产配方/kg
食用油	9	水溶辣椒提取物	0.14
烧烤专用调味油	0.1	缓慢释放风味肉粉	0.2
马齿苋	79.5	辣椒红色素150E	0.01
辣椒	2.3	辣椒天然香味物质	0.003
谷氨酸钠	5	食盐	3
白砂糖	1	山梨酸钾	按照国家相关标准添加

产品特点：具有烧烤香味。

5. 休闲调味清香麻辣马齿苋配方（表 3-132）

表 3-132 休闲调味清香麻辣马齿苋配方

原料	生产配方/kg	原料	生产配方/kg
食用油	9	水溶辣椒提取物	0. 14
青花椒香味提取物	0. 1	缓慢释放风味肉粉	0. 2
马齿苋	79. 5	辣椒红色素 150E	0. 01
辣椒	2. 3	辣椒天然香味物质	0. 003
谷氨酸钠	5	食盐	3
青花椒	0. 4	山梨酸钾	按照国家相关标准添加
白砂糖	1		

产品特点：清香麻辣风味突出，便于配菜和配饭食用，也可以做面食的调料。

6. 休闲调味牛肉味马齿苋配方（表 3-133）

表 3-133 休闲调味牛肉味马齿苋配方

原料	生产配方/kg	原料	生产配方/kg
煮熟后的马齿苋	100	乙基麦芽酚	0. 02
谷氨酸钠	0. 9	水溶辣椒提取物	0. 3
牛肉味香精香料	0. 05	白砂糖	2. 3
食盐	3. 5	麻辣专用调味原料	0. 02
缓慢释放风味肉粉	0. 5	辣椒香精	0. 002
柠檬酸	0. 2	辣椒红色素	适量
辣椒油	3. 2	山梨酸钾	按照国家相关标准添加
I + G	0. 04		

产品特点：具有牛肉香味的马齿苋香辣口感。

7. 休闲调味糊辣椒香马齿苋配方(表 3-134)

表 3-134　休闲调味糊辣椒香马齿苋配方

原料	生产配方/kg	原料	生产配方/kg
煮熟后的马齿苋	100	乙基麦芽酚	0.02
糊辣椒香味提取物	0.2	水溶辣椒提取物	0.3
谷氨酸钠	0.9	白砂糖	2.3
食盐	3.5	麻辣专用调味原料	0.02
缓慢释放风味肉粉	0.5	辣椒香精	0.002
柠檬酸	0.2	辣椒红色素	适量
辣椒油	3.2	山梨酸钾	按照国家相关标准添加
I+G	0.04		

产品特点:具有地道糊辣椒香味。

8. 休闲调味青花椒味马齿苋配方(表 3-135)

表 3-135　休闲调味青花椒味马齿苋配方

原料	生产配方/kg	原料	生产配方/kg
煮熟后的马齿苋	100	乙基麦芽酚	0.02
青花椒提取物	0.1	水溶辣椒提取物	0.3
谷氨酸钠	0.9	白砂糖	2.3
食盐	3.5	麻辣专用调味原料	0.02
缓慢释放风味肉粉	0.5	辣椒香精	0.002
柠檬酸	0.2	辣椒红色素	适量
辣椒油	3.2	山梨酸钾	按照国家相关标准添加
I+G	0.04		

产品特点:具有青花椒香味。

9. 休闲调味鸡肉味马齿苋配方(表3-136)

表3-136 休闲调味鸡肉味马齿苋配方

原料	生产配方/kg	原料	生产配方/kg
煮熟后的马齿苋	100	乙基麦芽酚	0.02
鸡肉香精香料	0.1	水溶辣椒提取物	0.3
谷氨酸钠	0.9	白砂糖	2.3
食盐	3.5	麻辣专用调味原料	0.02
缓慢释放风味肉粉	0.5	辣椒香精	0.002
柠檬酸	0.2	辣椒红色素	适量
辣椒油	3.2	山梨酸钾	按照国家相关标准添加
I+G	0.04		

产品特点:具有鸡肉风味。

10. 休闲调味五香马齿苋配方(表3-137)

表3-137 休闲调味五香马齿苋配方

原料	生产配方/kg	原料	生产配方/kg
煮熟后的马齿苋	100	乙基麦芽酚	0.02
谷氨酸钠	0.9	水溶辣椒提取物	0.3
五香专用调味油	0.09	白砂糖	2.3
食盐	3.5	麻辣专用调味原料	0.02
缓慢释放风味肉粉	0.5	辣椒香精	0.002
柠檬酸	0.2	辣椒红色素	适量
辣椒油	3.2	山梨酸钾	按照国家相关标准添加
I+G	0.04		

产品特点:具有独特的五香风味。

休闲马齿苋作为野菜的代表,可以作为自热烧烤的配套成为即食野菜，也可以作为休闲养生菜，给消费带来美味和养生。

第十一节　休闲调味竹笋

目前市场上竹笋系列调味食品非常多，其中山椒味、细油味、香辣味及麻辣味比较受欢迎。本节特提供相关调味食品开发技术的经验，供诸位参考、借鉴。

一、休闲调味竹笋生产工艺流程

竹笋→整理→保鲜→蒸煮→切丝→调味→包装→高温杀菌→检验→喷码→检查→装箱→封箱→加盖生产合格证→入库

二、休闲调味竹笋生产技术要点

1. 整理

将竹笋整理成为具备生产的条件，以便于更好地生产。

2. 保鲜

采用现有的保鲜技术对竹笋进行处理，以便更加规范化生产。

3. 蒸煮

对竹笋进行煮熟以便更好地调味，让味道更加彻底融合。

4. 切丝

将菜切成丝状，尽量做到均匀一致，以便入味。

5. 调味

将所有调味原料按照比例混合在竹笋之中，边加调味原料边搅拌均匀，让竹笋充分吸收味道。

6. 高温杀菌及防腐保鲜

这步很关键，一旦处理不好生产出的产品可能就会出现大批量胀袋现象。如何很好地解决这一问题成为加工的核心。在杀菌方面，杀菌的时间和温度一定要准确，针对泡椒风味系列和野山椒风味系列采用巴氏杀菌即可。在防腐保鲜方面，采用脱氢醋酸钠和山梨酸钾进行防腐。目前市面上常见的防腐产品有山梨酸钾和苯甲酸钠,不建议用苯甲酸钠,推荐用山梨酸钾和脱氢醋酸钠对竹笋进行防腐处理。采用食品级消毒剂进行对原料竹笋进行处理,也是非常理想的。

7. 休闲调味竹笋产品特点

通过以上生产工艺可以调试多种特色化产品,如泡椒味、红油味、野山椒味、酸辣味等。采用食用增脆剂可以增加竹笋的成型度,还可以保持良好的嚼劲;肉味香料和泡椒是竹笋休闲小食品的风味灵魂。

三、休闲调味竹笋生产配方

1. 休闲调味麻辣山椒竹笋配方(表 3-138)

表 3-138 休闲调味麻辣山椒竹笋配方

原料	生产配方/kg	原料	生产配方/kg
增鲜剂	0.1	野山椒专用辣椒抽提物	0.01
水溶性辣椒提取物	0.02	野山椒	1.5
无盐竹笋	30	清香型花椒树脂精油	0.015
食盐	0.6	干贝素	0.02
谷氨酸钠	0.9	增香剂	0.02
I+G	0.03	山梨酸钾	按照国家相关标准添加
白砂糖	0.5	脱氢醋酸钠	按照国家相关标准添加
清香鸡肉液体香精香料	0.05	强化后味鸡肉粉状香精香料	0.2
80%食用乳酸	0.03		

产品特点:具有麻辣山椒特色风味,是畅销的竹笋休闲调味新配方,产品口味纯正,回味较好。

2. 休闲调味麻辣藤椒竹笋配方(表3-139)

表3-139　休闲调味麻辣藤椒竹笋配方

原料	生产配方/kg	原料	生产配方/kg
增鲜剂	0.2	藤椒油	0.01
水溶性辣椒提取物	0.02	酸菜风味酱	1.5
无盐竹笋	30	青花椒树脂精油	0.01
食盐	0.5	干贝素	0.03
谷氨酸钠	0.8	增香剂	0.04
I+G	0.02	山梨酸钾	按照国家相关标准添加
白砂糖	0.3	脱氢醋酸钠	按照国家相关标准添加
清香藤椒液体香精香料	0.05	热反应鸡肉粉状香精香料	0.4
80%食用乳酸	0.03		

产品特点:藤椒香味独特,口感具有酸菜特有的持久微酸性。

3. 休闲调味香辣味竹笋配方1(表3-140)

表3-140　休闲调味香辣味竹笋配方1

原料	生产配方/kg	原料	生产配方/kg
增鲜剂	0.12	红葱香精香料	0.01
水溶性辣椒提取物	0.03	泡辣椒	1.5
无盐竹笋	30	花椒油树脂精油	0.01
食盐	0.48	干贝素	0.02
谷氨酸钠	0.82	增香剂	0.03
I+G	0.03	山梨酸钾	按照国家相关标准添加
甜味剂	0.06	脱氢醋酸钠	按照国家相关标准添加

续表

原料	生产配方/kg	原料	生产配方/kg
烤香牛肉液体香精香料	0.05	热反应牛肉粉状香精香料	0.5
80%食用乳酸	0.03		

产品特点：具有香辣特征竹笋休闲食品特征性香味、口感和回味，是肉味原料和竹笋口感结合的赋予清香风味研发的健康型风味。

4. 休闲调味香辣味竹笋配方2（表3-141）

表3-141　休闲调味香辣味竹笋配方2

原料	生产配方/kg	原料	生产配方/kg
竹笋	100	水溶辣椒提取物	0.3
谷氨酸钠	0.9	白砂糖	2.3
食盐	3.5	麻辣专用调味原料	0.02
缓慢释放风味肉粉	0.5	辣椒香精	0.002
柠檬酸	0.2	辣椒红色素	适量
辣椒油	3.2	山梨酸钾	按照国家相关标准添加
I+G	0.04	品质改良剂	按照国家相关标准添加
乙基麦芽酚	0.02		

产品特点：香辣风味明显。

5. 休闲调味香辣味竹笋配方3（表3-142）

表3-142　休闲调味香辣味竹笋配方3

原料	生产配方/kg	原料	生产配方/kg
食用油	9	鸡粉	0.2
竹笋	79.5	辣椒红色素150E	0.01
辣椒	2.3	辣椒天然香味物质	0.001

续表

原料	生产配方/kg	原料	生产配方/kg
谷氨酸钠	5	食盐	3
白砂糖	1	山梨酸钾	按照国家相关标准添加
水溶辣椒提取物	0.14	品质改良剂	按照国家相关标准添加

产品特点：辣椒经过炒脆后直接捣碎，然后加入少许水，这样特殊的制作改变整个辣椒口感和香味以及缓慢释放风味的效果，这是香辣风味的经典之作。

6. 休闲调味野山椒味竹笋配方1（表3－143）

表3－143　休闲调味野山椒味竹笋配方1

原料	生产配方/kg	原料	生产配方/kg
增鲜剂	0.3	清香鸡肉液体香精香料	0.01
水溶性辣椒提取物	0.02	野山椒	1.5
酵母味素	0.02	香辛料复合水溶性配料	0.03
无盐竹笋	30	干贝素	0.03
食盐	0.58	增香剂	0.02
谷氨酸钠	0.88	山梨酸钾	按照国家相关标准添加
I+G	0.04	脱氢醋酸钠	按照国家相关标准添加
甜味剂	0.05	泡菜香精香料	0.01
野山椒液体香精香料	0.05	热反应鸡肉粉状香精香料	0.5
80%食用乳酸	0.03		

产品特点：具有野山椒独特的风味和口感，尤其是类似泡椒凤爪的口味是其野山椒味竹笋畅销的原因之所在。

7. 休闲调味野山椒味竹笋配方2(表3－144)

表3－144　休闲调味野山椒味竹笋配方2

原料	生产配方/kg	原料	生产配方/kg
食用增脆剂	0.05	缓慢释放风味肉粉	0.13
无盐竹笋	13	野山椒(固形物50%)	4.5
鸡油香型液体香精香料	0.02	复配鸡肉粉状香精香料	0.1
谷氨酸钠	0.4	山梨酸钾	按照国家相关标准添加
80%食用乳酸	0.02	野山椒香型液体香精香料	0.001
I＋G	0.01	脱氢醋酸钠	按照国家相关标准添加
白砂糖	0.1	增香剂	0.01
色拉油	0.3	辣椒提取物	0.01

产品特点:纯正野山椒风味。

8. 休闲调味泡椒牛肉味竹笋配方(表3－145)

表3－145　休闲调味泡椒牛肉味竹笋配方

原料	生产配方/kg	原料	生产配方/kg
泡菜香精香料	0.11	葱香牛肉膏状乳化类香精香料	0.05
水溶性辣椒提取物	0.04	泡辣椒	1.6
无盐竹笋	30	花椒油树脂精油	0.01
食盐	0.62	干贝素	0.03
谷氨酸钠	0.88	增香剂	0.03
I＋G	0.04	山梨酸钾	按照国家相关标准添加
甜味剂	0.04	脱氢醋酸钠	按照国家相关标准添加
椒香牛肉液体香精香料	0.03	葱香牛肉粉状香精香料	0.3

续表

原料	生产配方/kg	原料	生产配方/kg
80%食用乳酸	0.03	水溶性泡椒提取物	0.03
泡椒香精香料	0.02		

产品特点：泡椒牛肉风味突出，口味醇和，肉味醇香。

9. 休闲调味辣鸡翅味竹笋配方（表3-146）

表3-146　休闲调味辣鸡翅味竹笋配方

原料	生产配方/kg	原料	生产配方/kg
增鲜剂	0.2	80%食用乳酸	0.03
色拉油	0.1	五香料	0.01
水溶性辣椒提取物	0.04	烤鸡膏状乳化类香精香料	0.2
无盐竹笋	30	花椒油树脂精油	0.02
食盐	0.55	缓慢释放风味肉粉	0.2
谷氨酸钠	0.86	干贝素	0.02
I+G	0.04	增香剂	0.01
甜味剂	0.04	山梨酸钾	按照国家相关标准添加
辣椒籽油	0.05	脱氢醋酸钠	按照国家相关标准添加
烤鸡肉液体香精香料	0.01	热反应蒸煮鸡肉粉状香精香料	0.6

产品特点：具有特征性很强的烤鸡肉风味，是畅销的鸡肉风味的代表。

10. 休闲调味椒香味竹笋配方(表3-147)

表3-147　休闲调味椒香味竹笋配方

原料	生产配方/kg	原料	生产配方/kg
椒香强化液体天然香辛料提取物	0.02	清香型青花椒树脂精油	0.01
增鲜剂	0.2	缓慢释放风味肉粉	0.3
水溶性辣椒提取物	0.02	木姜子油	0.005
无盐竹笋	30	干贝素	0.006
食盐	0.57	增香剂	0.01
谷氨酸钠	0.8	水解植物蛋白粉	0.05
I+G	0.03	山梨酸钾	按照国家相关标准添加
甜味剂	0.07	食用调和油	0.4
椒香牛肉液体香精香料	0.02	脱氢醋酸钠	按照国家相关标准添加
80%食用乳酸	0.03	椒香牛肉粉状香精香料	0.2
海南黑胡椒粉	0.05		

产品特点:椒香特色是该产品的畅销之处。

11. 休闲调味青椒味竹笋配方(表3-148)

表3-148　休闲调味青椒味竹笋配方

原料	生产配方/kg	原料	生产配方/kg
青椒香型液体香精香料	0.02	生姜香精香料	0.01
增鲜剂	0.2	青辣椒酱	1.2
水溶性辣椒提取物	0.04	花椒油树脂精油	0.01
无盐竹笋	30	海南白胡椒粉	0.02
食盐	0.52	干贝素	0.02
谷氨酸钠	0.92	酵母味素	0.05
I+G	0.04	增香剂	0.03

续表

原料	生产配方/kg	原料	生产配方/kg
甜味剂	0.04	山梨酸钾	按照国家相关标准添加
清香鸡肉液体香精香料	0.01	脱氢醋酸钠	按照国家相关标准添加
80%食用乳酸	0.03	缓慢释放风味肉粉	0.6

产品特点:后味较好,青辣椒香味比较明显,具有清香突出的特点。

12.休闲调味麻辣味竹笋配方1(表3-149)

表3-149 休闲调味麻辣味竹笋配方1

原料	生产配方/kg	原料	生产配方/kg
油溶辣椒提取物	0.02	辣椒酱	1.8
增鲜剂	0.4	青花椒油树脂精油	0.02
水溶性辣椒提取物	0.04	酵母味素	0.03
无盐竹笋	30	干贝素	0.02
食盐	0.61	增香剂	0.03
谷氨酸钠	0.89	郫县豆瓣粉	0.08
I+G	0.04	山梨酸钾	按照国家相关标准添加
甜味剂	0.07	五香粉	0.1
酱香猪肉液体香精香料	0.02	脱氢醋酸钠	按照国家相关标准添加
80%食用乳酸	0.03	食用调和油	0.4
缓慢释放风味肉粉	0.3	热反应鸡肉粉状香精香料	0.42

产品特点:新型麻辣风味竹笋是畅销的竹笋风味之一,也是多个品牌均有的典型风味。同时也可以研发烤肉味、孜然味、烧烤味、鸡肉味、咖喱味、蒜香味等多达上百个的调味竹笋休闲食品,面对消费者进行销售。

13. 休闲调味麻辣竹笋配方2(表3-150)

表3-150　休闲调味麻辣竹笋配方2

原料	生产配方/kg	原料	生产配方/kg
花椒	0.4	缓慢释放风味肉粉	0.2
食用油	9	辣椒红色素150E	0.01
竹笋	79.5	辣椒天然香味物质	0.001
辣椒	2.3	食盐	3
谷氨酸钠	5	山梨酸钾	按照国家相关标准添加
白砂糖	1	品质改良剂	按照国家相关标准添加
水溶辣椒提取物	0.14		

产品特点:花椒采用颗粒状,辣椒经过炒脆后直接捣碎,然后加入少许水,这样特殊的制作改变整个辣椒口感和香味以及缓慢释放风味的效果,做出的产品辣椒和花椒可以直接食用。

14. 休闲调味山椒鸡味竹笋配方(表3-151)

表3-151　休闲调味山椒鸡味竹笋配方

原料	生产配方/kg	原料	生产配方/kg
油溶辣椒提取物	0.02	强化后味鸡肉粉状香精香料	0.05
食用增脆剂	0.03	清香鸡肉液体香精香料	0.03
增鲜剂	0.2	复合磷酸盐	按照国家相关标准添加
水溶性辣椒提取物	0.06	干贝素	0.02
无盐竹笋	40	增香剂	0.03
食盐	0.13	野山椒	0.06

续表

原料	生产配方/kg	原料	生产配方/kg
谷氨酸钠	0.51	山梨酸钾	按照国家相关标准添加
I+G	0.03	泡椒液体香精香料	0.002
甜味剂	0.08	脱氢醋酸钠	按照国家相关标准添加
酱香猪肉液体香精香料	0.02	食用调和油	0.3
80%食用乳酸	0.22		

产品特点：山椒鸡肉味调味竹笋是新型复合调味竹笋的创新配方。

15. 休闲调味泡野山椒鸡风味竹笋配方（表3-152）

表3-152　休闲调味泡野山椒鸡风味竹笋配方

原料	生产配方/kg	原料	生产配方/kg
食用增脆剂	1	清香鸡肉液体香精香料	0.03
增鲜剂	0.2	复合磷酸盐	按照国家相关标准添加
水溶性辣椒提取物	0.04	干贝素	0.02
无盐竹笋	100	增香剂	0.03
鸡油香型液体香精香料	0.1	野山椒	20
谷氨酸钠	3	山梨酸钾	按照国家相关标准添加
I+G	0.15	泡椒液体香精香料	0.02
白砂糖	1	脱氢醋酸钠	按照国家相关标准添加
辣椒红油（朝天椒：色拉油=3∶7）	6	食用调和油	0.3
强化后味鸡肉粉状香精香料	0.02		

产品特点：泡野山椒鸡味调味竹笋是新型复合调味竹笋的创新配方。

16. 休闲调味红油泡椒味竹笋配方 1(表 3-153)

表 3-153　休闲调味红油泡椒味竹笋配方 1

原料	生产配方/kg	原料	生产配方/kg
食用增脆剂	0.07	强化后味鸡肉粉状香精香料	0.06
无盐竹笋	23	复合磷酸盐	按照国家相关标准添加
鸡油香型液体香精香料	0.02	大红袍花椒粉	0.08
谷氨酸钠	0.8	剁泡辣椒	2
食盐	0.4	山梨酸钾	按照国家相关标准添加
80% 食用乳酸	0.03	泡椒液体香精香料	0.002
I+G	0.02	脱氢醋酸钠	按照国家相关标准添加
白砂糖	0.1	辣椒红色素 10 色价	0.03
辣椒红油(朝天椒: 色拉油 =3:7)	2		

产品特点:盲测效果较好。

17. 休闲调味红油泡椒味竹笋配方 2(表 3-154)

表 3-154　休闲调味红油泡椒味竹笋配方 2

原料	生产配方/kg	原料	生产配方/kg
食用增脆剂	0.07	热反应鸡肉粉状香精香料	0.05
无盐竹笋	25	复合磷酸盐	按照国家相关标准添加
鸡油香型液体香精香料	0.02	大红袍花椒粉	0.09
谷氨酸钠	0.86	剁泡辣椒	2.2
80% 食用乳酸	0.03	山梨酸钾	按照国家相关标准添加
I+G	0.02	辣椒提取物	0.03

续表

原料	生产配方/kg	原料	生产配方/kg
白砂糖	0.22	脱氢醋酸钠	按照国家相关标准添加
辣椒红油（朝天椒:色拉油＝3:7）	3.2	辣椒红色素10色价	0.03

产品特点：辣味柔和，调味成本较低。

18. 休闲调味红油泡椒味竹笋配方3（表3－155）

表3－155　休闲调味红油泡椒味竹笋配方3

原料	生产配方/kg	原料	生产配方/kg
食用增脆剂	0.028	复合磷酸盐	按照国家相关标准添加
无盐竹笋	10	大红袍花椒粉	0.03
鸡油香型液体香精香料	0.08	剁泡辣椒	0.88
谷氨酸钠	0.32	山梨酸钾	按照国家相关标准添加
80%食用乳酸	0.012	泡椒液体香精香料	0.001
缓慢释放风味肉粉	0.12	脱氢醋酸钠	按照国家相关标准添加
I＋G	0.01	辣椒红色素10色价	0.012
白砂糖	0.088	辣椒提取物	0.012
辣椒红油（朝天椒:色拉油＝3:7）	1.2		

产品特点：调味简单，辣味柔和。

19. 休闲调味红椒笋配方（表3－156）

表3－156　休闲调味红椒笋配方

原料	生产配方/kg	原料	生产配方/kg
食用增脆剂	0.02	缓慢释放风味肉粉	0.1
无盐竹笋	7.1	复合磷酸盐	按照国家相关标准添加

续表

原料	生产配方/kg	原料	生产配方/kg
鸡油香型液体香精香料	0.02	辣椒提取物	0.02
谷氨酸钠	0.3	泡红辣椒丝	0.05
I+G	0.01	山梨酸钾	按照国家相关标准添加
80%食用乳酸	0.01	泡椒液体香精香料	0.001
白砂糖	0.05	脱氢醋酸钠	按照国家相关标准添加
色拉油	0.5		

产品特点:辣味纯正。

20.休闲调味泡椒竹笋配方(表3-157)

表3-157 休闲调味泡椒竹笋配方

原料	生产配方/kg	原料	生产配方/kg
食用增脆剂	0.05	泡辣椒	10
无盐竹笋	15	复配鸡肉粉状香精香料	0.04
谷氨酸钠	0.6	山梨酸钾	按照国家相关标准添加
80%食用乳酸	0.02	泡椒液体香精香料	0.001
白砂糖	0.1	脱氢醋酸钠	按照国家相关标准添加
色拉油	0.4	食盐	0.4
品质改良剂	按照国家相关标准添加	辣椒提取物	0.01

产品特点:泡辣椒风味纯正。

21. 休闲调味山椒牛肉香型竹笋配方(表3－158)

表3－158 休闲调味山椒牛肉香型竹笋配方

原料	生产配方/kg	原料	生产配方/kg
牛排香型液体香精香料	0.02	野山椒	2
无盐竹笋	30	山梨酸钾	按照国家相关标准添加
谷氨酸钠	0.8	野山椒液体香精香料	0.05
白砂糖	0.5	脱氢醋酸钠	按照国家相关标准添加
色拉油	0.4	食盐	0.9
复合氨基酸	0.1	增香剂	0.01

产品特点:野山椒风味与牛肉风味复合体现在竹笋这一特定的调味载体上的效果,是消费者选择的个性化口味之一。

22. 休闲调味剁椒红油竹笋配方(表3－159)

表3－159 休闲调味剁椒红油竹笋配方

原料	生产配方/kg	原料	生产配方/kg
增香剂	0.05	剁泡辣椒	1
无盐竹笋	10	肉宝王液体香精香料	0.04
谷氨酸钠	0.4	山梨酸钾	按照国家相关标准添加
80%食用乳酸	0.03	脱氢醋酸钠	按照国家相关标准添加
白砂糖	0.05	食盐	0.2
红油(色拉油:子弹头辣椒＝7:3)	1.2	椒香强化液体香精香料	0.01
缓慢释放风味肉粉	0.2		

产品特点:椒香、肉香、清香、泡椒风味融为一体,口感、滋味独具特色。

23. 休闲调味焦香野山椒竹笋配方(表3-160)

表3-160 休闲调味焦香野山椒竹笋配方

原料	生产配方/kg	原料	生产配方/kg
增香剂	0.02	白砂糖	0.1
无盐竹笋	10	野山椒	4.5
谷氨酸钠	0.4	焦香牛肉液体香精香料	0.002
80%食用乳酸	0.02		

产品特点:野山椒风味新颖、独特。

24. 休闲调味双椒风味竹笋配方(表3-161)

表3-161 休闲调味双椒风味竹笋配方

原料	生产配方/kg	原料	生产配方/kg
增香剂	0.02	80%食用乳酸	0.02
无盐竹笋	10	白砂糖	0.1
泡红辣椒丝	5.5	野山椒	4.5
谷氨酸钠	0.4	醇香牛肉液体香精香料	0.003

产品特点:风味较好,调味后的双椒风味将野山椒、泡红辣椒结合在一起,是比较有创新的调味,不但口味好,感官也很不错。

25. 休闲调味糊辣椒风味竹笋配方(表3-162)

表3-162 休闲调味糊辣椒风味竹笋配方

原料	生产配方/kg	原料	生产配方/kg
糊辣椒	0.4	水溶辣椒提取物	0.14
食用油	9	缓慢释放风味肉粉	0.2
竹笋	79.5	辣椒红色素150E	0.01
辣椒	2.3	糊辣椒天然香味物质	0.001

续表

原料	生产配方/kg	原料	生产配方/kg
谷氨酸钠	5	食盐	3
白砂糖	1	山梨酸钾	按照国家相关标准添加

产品特点:具有传统的煳辣椒风味。

26. 休闲调味青花椒香型风味竹笋配方(表3-163)

表3-163 休闲调味青花椒香型风味竹笋配方

原料	生产配方/kg	原料	生产配方/kg
保鲜花椒	0.4	水溶辣椒提取物	0.14
食用油	9	缓慢释放风味肉粉	0.2
竹笋	79.5	辣椒红色素150E	0.01
辣椒	2.3	青花椒天然香味物质	0.001
谷氨酸钠	5	食盐	3
白砂糖	1	山梨酸钾	按照国家相关标准添加

产品特点:具有青花椒香型,独具一格。

27. 休闲调味烧烤风味竹笋配方(表3-164)

表3-164 休闲调味烧烤肉味竹笋配方

原料	生产配方/kg	原料	生产配方/kg
孜然粉	0.4	水溶辣椒提取物	0.14
食用油	9	缓慢释放风味肉粉	0.2
竹笋	79.5	辣椒红色素150E	0.01
辣椒	2.3	孜然烤香香味物质	0.001
谷氨酸钠	5	食盐	3
白砂糖	1	山梨酸钾	按照国家相关标准添加

产品特点:具有烧烤风味特征。

28. 休闲调味剁椒风味竹笋配方(表 3 – 165)

表 3 – 165　休闲调味剁椒风味竹笋配方

原料	生产配方/kg	原料	生产配方/kg
剁椒	2.5	水溶辣椒提取物	0.14
食用油	9	缓慢释放风味肉粉	0.2
竹笋	79.5	辣椒红色素 150E	0.01
辣椒	2.3	剁制辣椒天然香味物质	0.001
谷氨酸钠	5	食盐	3
白砂糖	1	山梨酸钾	按照国家相关标准添加

产品特点:具有剁制辣椒特殊风味和口感,便于习惯性消费。

29. 休闲调味酸辣风味竹笋配方 1(表 3 – 166)

表 3 – 166　休闲调味酸辣风味竹笋配方 1

原料	生产配方/kg	原料	生产配方/kg
酸菜提取物	0.4	水溶辣椒提取物	0.14
食用油	9	缓慢释放风味肉粉	0.2
竹笋	79.5	辣椒红色素 150E	0.01
辣椒	2.3	辣椒天然香味物质	0.001
谷氨酸钠	5	食盐	3
白砂糖	1	山梨酸钾	按照国家相关标准添加

产品特点:具有独特的酸辣口感特点。

30. 休闲调味酸辣风味竹笋配方2(表3－167)

表3－167　休闲调味酸辣风味竹笋配方2

原料	生产配方/kg	原料	生产配方/kg
湿竹笋	100	特色增脆原料	0.2
清香型天然香辛料提取物	0.1	特色护色原料	按照国家相关标准添加
谷氨酸钠	3	脱氢醋酸	按照国家相关标准添加
白糖	1	红油	6
缓慢释放风味肉粉	0.2	野山椒	20
特色香料	0.05	山梨酸钾	按照国家相关标准添加

产品特点：具有特殊酸辣味的口感和滋味。

31. 休闲调味清香麻辣风味竹笋配方(表3－168)

表3－168　休闲调味清香麻辣风味竹笋配方

原料	生产配方/kg	原料	生产配方/kg
竹笋	100	I＋G	0.04
麻辣调味油	0.2	乙基麦芽酚	0.02
木姜子油	0.1	水溶辣椒提取物	0.3
谷氨酸钠	0.9	白砂糖	2.3
食盐	3.5	麻辣专用调味原料	0.02
缓慢释放风味肉粉	0.5	辣椒香精	0.002
柠檬酸	0.2	辣椒红色素	适量
辣椒油	3.2	山梨酸钾	按照国家相关标准添加

产品特点：具有清香麻辣风味特征。

32. 休闲调味清香山椒风味竹笋配方(表3－169)

表3－169　休闲调味清香山椒风味竹笋配方

原料	生产配方/kg	原料	生产配方/kg
竹笋	200	专用无色辣椒提取物	2.6
食盐	2	乳酸	0.2
复合增鲜剂	3	缓慢释放风味肉粉	0.5
山椒香味提取物	0.05	复合氨基酸	0.02
清香天然香辛料提取物	0.05	鸡肉粉	1
野山椒	30	青花椒提取物	0.02
白砂糖	1	保鲜花椒	1
专用甜味剂	0.01		

产品特点:口感比较饱满。

33. 休闲调味山椒竹笋配方1(表3－170)

表3－170　休闲调味山椒竹笋配方1

原料	生产配方/kg	原料	生产配方/kg
竹笋	200	专用甜味剂	0.01
食盐	2	专用无色辣椒提取物	2.6
复合增鲜剂	3	乳酸	0.2
山椒香味提取物	0.05	缓慢释放风味肉粉	0.5
清香天然香辛料提取物	0.05	复合氨基酸	0.02
野山椒	30	鸡肉粉	1
白砂糖	1		

产品特点:山椒口感自然醇厚。

34. 休闲调味山椒竹笋配方2(表3－171)

表3－171　休闲调味山椒竹笋配方2

原料	生产配方/kg	原料	生产配方/kg
竹笋	15	天然辣椒提取物	0.01

续表

原料	生产配方/kg	原料	生产配方/kg
山椒(含水)	2	山梨酸钾	按照国家相关标准添加
缓慢释放风味肉粉	0.005	脱氢乙酸钠	按照国家相关标准添加
谷氨酸钠	0.2	柠檬酸	0.0003
I+G	0.01	山椒提取物	0.0003

产品特点:具有清淡山椒风味特点。

休闲竹笋有以下几种热卖菜品:①即食菜,随时可以食用,多个场合均可消费。②作为自热火锅的配菜,每份20g口感好,消费后记忆强。③自热重庆小面选择休闲竹笋丝,消费时具有和面条交叉的口感,助推消费自热小面的升级,每份10g即可。④自热麻辣烫选择片状休闲竹笋,每份20g为佳,更加接近麻辣烫的体验。⑤自热串串香采用休闲竹笋作为配菜,选择块状竹笋,更能体现串串香的消费记忆,建议每份15g包装。⑥自热烧烤采用片状休闲竹笋,每份15g,配套其他菜品比较理想。

四、休闲调味竹笋生产注意事项

休闲调味竹笋在市场上极其普遍,味道坚持长久的并不多,尤其是麻竹笋调味后产生不良风味的现象需要得到彻底解决,不然这将导致麻竹笋的工业化发展受阻。其次是竹笋含有二氧化硫的问题也需要引起充分重视,不然会给这个行业带来隐患,这是这个行业的危险信号。企业将这样的安全问题解决好,再进行好的调味才是发展趋势,同时开发一些冷藏保鲜的新技术,让竹笋产业健康快速发展。

第十二节　休闲调味莴笋

莴笋可以做成麻辣、香辣、烧烤、山椒等风味,尤其山椒味是重点,清香的特点是其他风味难以强过的。

一、休闲调味莴笋生产工艺流程

莴笋→清理→切片或丝→保鲜→脱盐→蒸煮→调味→包装→高温杀菌→检验→喷码→检查→装箱→封箱→加盖生产合格证→入库

二、休闲调味莴笋生产技术要点

1. 莴笋清理

将莴笋去皮，便于直接食用或者熟化处理；也可以是将窝笋皮单独处理成为一个产品。而莴笋又是一个产品。

2. 切片或丝

切片或者切丝，以便于调味，让莴笋直接成为可以食用的小块状或者丝状。

3. 保鲜

通常采用批量化盐腌的方式保鲜，这样莴笋不至于很快腐烂。

4. 脱盐

将莴笋多余的食盐脱掉，达到直接食用的口感即可，这样做出的莴笋便于食用。

5. 蒸煮

蒸煮是更好地让莴笋入味，让味道彻底融合，让莴笋更美味，可以直接食用。

6. 调味

严格按照配方比例进行复合调味，边加入调味原料边搅拌均匀，让味道更加充分融和，让风味更佳。

7. 包装

采用抽真空方式进行包装。

8. 高温杀菌

采用水浴巴氏杀菌即可，也可采用高温高压不需要添加防腐剂的做法，通常建议采用90℃，10min 进行杀菌。

三、休闲调味莴笋生产配方

1.休闲调味山椒味莴笋配方(表3-172)

表3-172　休闲调味山椒味莴笋配方

原料	生产配方/kg	原料	生产配方/kg
莴笋	15	天然辣椒提取物	0.01
山椒(含水)	2	山梨酸钾	按照国家相关标准添加
缓慢释放风味肉粉	0.005	脱氢乙酸钠	按照国家相关标准添加
谷氨酸钠	0.2	柠檬酸	0.0003
I+G	0.01	山椒提取物	0.0003

产品特点:具有山椒本质风味、地道山椒口感和滋味。

2.休闲调味香辣味莴笋配方1(表3-173)

表3-173　休闲调味香辣味莴笋配方1

原料	生产配方/kg	原料	生产配方/kg
莴笋	100	水溶辣椒提取物	0.3
谷氨酸钠	0.9	白砂糖	2.3
香辣专用复合油	0.05	麻辣专用调味原料	0.02
缓慢释放风味肉粉	0.5	辣椒香味天然提取物	0.002
柠檬酸	0.2	辣椒红色素	适量
辣椒油	3.2	山梨酸钾	按照国家相关标准添加
I+G	0.04	品质改良剂	按照国家相关标准添加
乙基麦芽酚	0.02		

产品特点:独特的甜酸比让香辣味出色的好,这也是该配方实用性极强的原因,香辣特点突出。

3. 休闲调味香辣味莴笋配方2(表3-174)

表3-174　休闲调味香辣味莴笋配方2

原料	生产配方/kg	原料	生产配方/kg
食用油	9	缓慢释放风味肉粉	0.2
莴笋	79.5	辣椒红色素150E	0.01
辣椒	2.3	辣椒天然香味物质	0.001
谷氨酸钠	5	增鲜剂	0.2
白砂糖	1	山梨酸钾	按照国家相关标准添加
水溶辣椒提取物	0.14	品质改良剂	按照国家相关标准添加

产品特点:具有炒制风格的独特配方,越吃越有味,辣而不腻,天然风味持久。

4. 休闲调味麻辣味莴笋配方1(表3-175)

表3-175　休闲调味麻辣味莴笋配方1

原料	生产配方/kg	原料	生产配方/kg
花椒提取物	0.02	水溶辣椒提取物	0.14
花椒颗粒	0.3	缓慢释放风味肉粉	0.2
食用油	9	辣椒红色素150E	0.01
莴笋	79.5	辣椒天然香味物质	0.001
辣椒	2.3	增鲜剂	0.2
谷氨酸钠	5	山梨酸钾	按照国家相关标准添加
白砂糖	1	品质改良剂	按照国家相关标准添加

产品特点:具有特征鲜明的麻辣口感和滋味,辣椒和花椒可以直接吃而有滋有味。

5. 休闲调味麻辣味莴笋配方2(表3-176)

表3-176　休闲调味麻辣味莴笋配方2

原料	生产配方/kg	原料	生产配方/kg
莴笋片	100	I+G	0.04
青花椒提取物	0.02	乙基麦芽酚	0.02
花椒香味提取物	0.06	水溶辣椒提取物	0.3
谷氨酸钠	0.9	白砂糖	2.3
香辣专用复合油	0.05	麻辣专用调味原料	0.02
缓慢释放风味肉粉	0.5	辣椒香味天然提取物	0.002
柠檬酸	0.2	辣椒红色素	适量
辣椒油	3.2	山梨酸钾	按照国家相关标准添加

产品特点:独具特色的麻辣口感和滋味,让消费者吃后口感比较舒服。

6. 休闲调味椒麻味莴笋配方(表3-177)

表3-177　休闲调味椒麻味莴笋配方

原料	生产配方/kg	原料	生产配方/kg
保鲜青花椒	0.4	水溶辣椒提取物	0.14
保鲜青花椒提取物	0.03	缓慢释放风味肉粉	0.2
食用油	9	辣椒红色素150E	0.01
莴笋	79.5	辣椒天然香味物质	0.001
辣椒	2.3	增鲜剂	0.2
谷氨酸钠	5	山梨酸钾	按照国家相关标准添加
白砂糖	1		

产品特点:具有特征性极强的椒麻风味和口感,是高品质莴笋创新口味之一。

7. 休闲调味烧烤味莴笋配方(表 3-178)

表 3-178 休闲调味烧烤味莴笋配方

原料	生产配方/kg	原料	生产配方/kg
烧烤专用香辛料	0.4	水溶辣椒提取物	0.14
烤香复合香辛料提取物	0.03	缓慢释放风味肉粉	0.2
食用油	9	辣椒红色素 150E	0.01
莴笋	79.5	辣椒天然香味物质	0.001
辣椒	2.3	增鲜剂	0.2
谷氨酸钠	5	山梨酸钾	按照国家相关标准添加
白砂糖	1		

产品特点:具有烧烤风味的特征和口感,是不断演变的莴笋新风味。

8. 休闲调味糊辣椒味莴笋配方(表 3-179)

表 3-179 休闲调味糊辣椒味莴笋配方

原料	生产配方/kg	原料	生产配方/kg
糊辣椒香味提取物	0.02	I+G	0.01
糊辣椒	2	天然辣椒提取物	0.01
糊辣椒风味专用油	0.2	山梨酸钾	按照国家相关标准添加
莴笋	15	脱氢乙酸钠	按照国家相关标准添加
山椒泥(含水)	2	柠檬酸	0.0003
缓慢释放风味肉粉	0.005	山椒提取物	0.0003
谷氨酸钠	0.2		

产品特点:具有糊辣椒香味和口感的缓慢释放风味,体现了消费者需求的态势。

9. 休闲调味五香味莴笋配方(表3-180)

表3-180　休闲调味五香味莴笋配方

原料	生产配方/kg	原料	生产配方/kg
五香专用复合调味油	0.05	I+G	0.01
复合香辛料	0.11	天然辣椒提取物	0.01
莴笋	15	山梨酸钾	按照国家相关标准添加
山椒泥(含水)	2	脱氢乙酸钠	按照国家相关标准添加
缓慢释放风味肉粉	0.005	柠檬酸	0.0003
谷氨酸钠	0.2	山椒提取物	0.0003

产品特点:具有山椒口感的五香风味。

10. 休闲调味藤椒味莴笋配方(表3-181)

表3-181　休闲调味藤椒味莴笋配方

原料	生产配方/kg	原料	生产配方/kg
鲜藤椒	0.12	I+G	0.01
鲜藤椒清香天然提取物	0.03	天然辣椒提取物	0.01
莴笋	15	山梨酸钾	按照国家相关标准添加
山椒泥(含水)	2	脱氢乙酸钠	按照国家相关标准添加
缓慢释放风味肉粉	0.005	柠檬酸	0.0003
谷氨酸钠	0.2	山椒提取物	0.0003

产品特点:具有风味独特的藤椒风味和口感,让莴笋的滋味更加丰富。

11. 休闲调味清爽莴笋配方(表3-182)

表3-182　休闲调味清爽莴笋配方

原料	生产配方/kg	原料	生产配方/kg
木姜子油	0.05	I+G	0.01
薄荷天然提取物	0.02	天然辣椒提取物	0.01

续表

原料	生产配方/kg	原料	生产配方/kg
莴笋	15	山梨酸钾	按照国家相关标准添加
山椒泥(含水)	2	脱氢乙酸钠	按照国家相关标准添加
缓慢释放风味肉粉	0.005	柠檬酸	0.0003
谷氨酸钠	0.2	山椒提取物	0.0003

产品特点:具有独特清香味。

12. 休闲调味香辣甜椒莴笋配方(表3-183)

表3-183　休闲调味香辣甜椒莴笋配方

原料	生产配方/kg	原料	生产配方/kg
莴笋	60	乙基麦芽酚	0.02
甜椒丝	40	水溶辣椒提取物	0.3
谷氨酸钠	0.9	白砂糖	2.3
香辣专用复合油	0.05	麻辣专用调味原料	0.02
缓慢释放风味肉粉	0.5	辣椒香味天然提取物	0.002
柠檬酸	0.2	辣椒红色素	适量
辣椒油	3.2	山梨酸钾	按照国家相关标准添加
I+G	0.04		

产品特点:具有甜鲜的优化口感和滋味。

13. 休闲调味特辣莴笋配方(表3-184)

表3-184　休闲调味特辣莴笋配方

原料	生产配方/kg	原料	生产配方/kg
莴笋	100	乙基麦芽酚	0.02
油溶性辣椒提取物	0.2	水溶辣椒提取物	0.3
谷氨酸钠	0.9	白砂糖	2.3

续表

原料	生产配方/kg	原料	生产配方/kg
香辣专用复合油	0.05	麻辣专用调味原料	0.02
缓慢释放风味肉粉	0.5	辣椒香味天然提取物	0.002
柠檬酸	0.2	辣椒红色素	适量
辣椒油	3.2	山梨酸钾	按照国家相关标准添加
I+G	0.04		

产品特点：辣味十足，余味悠长。

莴笋常作为下饭菜早餐配菜，作为自热烧烤、自热火锅、自热米饭、自热重庆小面、自热小吃配菜时均采用每份12g包装，消费的体验感较强。

第十三节　休闲调味雪菜

雪菜做成香辣口味必将出奇制胜，而持久的辣味是雪菜能在休闲蔬菜类立足的关键。

一、休闲调味雪菜生产工艺流程

雪菜→清理→保鲜→脱盐→切细→炒制→调味→包装→高温杀菌→检验→喷码→检查→装箱→封箱→加盖生产合格证→入库

二、休闲调味雪菜生产技术要点

1. 雪菜清理

将雪菜清理干净，便于进一步加工，取出泥沙和石子等异物，这是做食品基本的细节处理，也是必然的加工环节。

2. 保鲜

采用盐腌保鲜，也可以直接将雪菜脱掉部分水直接加工，这两者的区别是调味时食盐的口感有所区别，配方里面添加或者不添加食盐。

3. 脱盐

将腌制过的雪菜中多余的食盐脱掉,这样便于直接食用。

4. 切细

将雪菜切细成为丝状或者细丝,一方面便于调味,而另一方面便于食用。

5. 炒制

炒制便于雪菜入味,也是调味必不可少的加工环节,也可以不需要炒制直接调味。

6. 调味

将雪菜丝和调味原料充分混合均匀,这样做出的雪菜才是标准化的味道。

7. 包装

采用抽真空包装。

8. 高温杀菌

采用水浴巴氏杀菌即可,也可采用高温高压不需要添加防腐剂的做法,通常建议采用90℃,10min 进行杀菌。

三、休闲调味雪菜生产配方

1. 休闲调味香辣雪菜配方(表 3-185)

表 3-185 休闲调味香辣雪菜配方

原料	生产配方/kg	原料	生产配方/kg
雪菜丝	15	天然辣椒提取物	0.01
天然香辣风味调味油	0.2	山梨酸钾	按照国家相关标准添加
辣椒红色素	适量	脱氢乙酸钠	按照国家相关标准添加
山椒泥(含水)	2	柠檬酸	0.0003

续表

原料	生产配方/kg	原料	生产配方/kg
缓慢释放风味肉粉	0.005	脱皮白芝麻	2
谷氨酸钠	0.2	山椒提取物	0.0003
I+G	0.01		

产品特点：具有香辣口感和滋味，尤其是辣味纯正持久。调味时根据雪菜丝的咸度酌情添加或者不添加食盐。

2. 休闲调味麻辣雪菜配方（表3-186）

表3-186　休闲调味麻辣雪菜配方

原料	生产配方/kg	原料	生产配方/kg
雪菜丝	100	乙基麦芽酚	0.02
谷氨酸钠	0.9	水溶辣椒提取物	0.3
麻辣专用调味油	0.5	白砂糖	2.3
缓慢释放风味肉粉	0.5	鲜花椒提取物	0.02
柠檬酸	0.2	辣椒香精	0.002
辣椒油	3.2	辣椒红色素	适量
脱皮白芝麻	0.3	山梨酸钾	按照国家相关标准添加
I+G	0.04	品质改良剂	按照国家相关标准添加
熟花生仁	2.1		

产品特点：麻辣特征明显。

3. 休闲调味酱香雪菜配方（表3-187）

表3-187　休闲调味酱香雪菜配方

原料	生产配方/kg	原料	生产配方/kg
雪菜丝	100	熟花生仁	2.1
谷氨酸钠	0.9	乙基麦芽酚	0.02

续表

原料	生产配方/kg	原料	生产配方/kg
麻辣专用调味油	0.1	水溶辣椒提取物	0.1
缓慢释放风味肉粉	0.5	白砂糖	2.3
柠檬酸	0.2	酱香风味提取物	0.02
脱皮白芝麻	0.3	酱香香精	0.002
I+G	0.04	山梨酸钾	按照国家相关标准添加

产品特点:具有地道酱香风味和口感。

4. 休闲调味独特香辣雪菜配方(表3-188)

表3-188　休闲调味独特香辣雪菜配方

原料	生产配方/kg	原料	生产配方/kg
食用油	9	鸡粉	0.2
雪菜丝	79.5	辣椒红色素150E	0.01
辣椒	2.3	辣椒天然香味物质	0.001
谷氨酸钠	5	食盐	3
白砂糖	1	山梨酸钾	按照国家相关标准添加
水溶辣椒提取物	0.14		

产品特点:辣椒口感特殊、香味自然持久,体现出纯天然风味。

即食菜的吃法使口感不断升级,很多早餐的小菜都是雪菜,也可以作为自热食品的配套菜,每份10g即可。

四、休闲调味雪菜生产注意事项

不断优化雪菜这一特色产品使之走进消费者的视角,让美味的雪菜产品先送给消费者吃，消费者乐于接受之后再上市销售，这样便于更加有效地进行雪菜休闲化生产。

第十四节　休闲调味胡豆

干的休闲调味胡豆有怪味、麻辣、香辣、烧烤、牛肉、鸡肉等风味。

一、休闲调味胡豆生产工艺流程

1. 休闲调味胡豆生产工艺

胡豆→浸泡→蒸煮→调味→包装→杀菌→检验→喷码→检查→装箱→封箱→加盖生产合格证→入库

2. 休闲调味胡豆兰花豆生产工艺

胡豆→浸泡→换水→碱水浸泡→沥干→开口→油炸→起锅→增脆→上糖浆→调味→兰花豆→检验→喷码→检查→装箱→封箱→加盖生产合格证→入库

3. 休闲调味胡豆兰花豆调味料生产工艺

食盐→咸味香精香料(乳化类、液体)→混合均匀→辣椒粉、花椒粉、热反应咸味香精香料、味精粉、白糖粉、烤肉类香料、增香剂、增鲜剂→混合均匀→兰花豆风味调味料

可以生产出麻辣风味、烤肉风味、酱汁牛肉风味、烤牛肉、香辣、椒香、排骨、五香、烤鸡、鸡肉等数十个兰花豆风味调味料。

二、休闲调味胡豆生产技术要点

1. 浸泡

将胡豆浸泡至吸水充分膨胀即可，根据浸泡的水温和浸泡的时间而定，通常浸泡时间为 5 ~7 天，浸泡的主要目的是将水分渗透到胡豆的内心之中，使胡豆的组织发生变化。

2. 换水

由于胡豆经过浸泡之后会产生一些不良风味，所以需要更换浸泡所用的水质。

3. 碱水浸泡

经过碱水浸泡的胡豆油炸之后比较酥脆，一般经过0.3%碳酸氢钠溶液浸泡10h即可。

4. 沥干

将浸泡之后的胡豆的余水去除掉。

5. 开口

通过开口机将胡豆开口，开口的目的主要是：油炸之后酥脆、油炸时不得溅油，开口之后油炸的效果非常好。

6. 油炸

是一道非常关键的工艺，油炸的效果决定兰花豆的品质，油炸的温度、下锅的温度、油炸时间、油炸的抗氧化处理等是影响油炸的成品的最关键因素。

7. 增脆

特效增脆技术是指在食品级特效增脆剂作用下迅速将油炸后胡豆的余油挥发掉的新技术。

8. 上糖浆

对油炸之后的胡豆上糖浆，糖浆内的胡豆就比较脆，上完糖浆之后的兰花豆不易返潮，所以兰花豆产品中不用置放食品干燥剂。这一特殊工艺在很多食品研发之中即可应用。

9. 调味

将配好的调味料和上完糖浆的兰花豆混合均匀，将调味料裹在兰花豆的表面即可，冷却即得兰花豆产品。有的兰花豆生产时增加烘烤工艺，其目的也是使其兰花豆更脆、更酥，不易回潮。对于不同的胡豆产品调味方式不一样，调味胡豆只需要对煮熟后的胡豆进行调味，这样做出的味道不同于其他产品。相同点都是将调味原料与胡豆充分混合均匀，不同是后续工艺有区别。

10. 杀菌

对煮熟之后的胡豆进行高温高压杀菌，以便于长时间储存同时便于消费。如果是餐饮食品配送可以直接将调味后的胡豆产品低温冷存即可。

三、休闲调味胡豆生产配方

1. 休闲调味山椒味胡豆配方(表3－189)

表3－189　休闲调味山椒味胡豆配方

原料	生产配方/kg	原料	生产配方/kg
煮熟的胡豆	15	天然辣椒提取物	0.01
食盐	0.3	山梨酸钾	按照国家相关标准添加
山椒(含水)	2	脱氢乙酸钠	按照国家相关标准添加
缓慢释放风味肉粉	0.015	柠檬酸	0.005
谷氨酸钠	0.2	野山椒风味提取物	0.003
I+G	0.01		

产品特点:将山椒风味特点和缓慢释放风味特点结合,让山椒味入味效果得到更好的体现。

2. 休闲调味青花椒味胡豆配方(表3－190)

表3－190　休闲调味青花椒味胡豆配方

原料	生产配方/kg	原料	生产配方/kg
煮熟的胡豆	15	山梨酸钾	按照国家相关标准添加
青花椒提取物	0.02	脱氢乙酸钠	按照国家相关标准添加
食盐	0.3	柠檬酸	0.005
山椒泥(含水)	2	清香香辛料风味提取物	0.003
缓慢释放风味肉粉	0.015	保鲜花椒提取物	0.002
谷氨酸钠	0.2	风味强化天然香辛料提取物	0.006
I+G	0.01	天然增香剂	0.005
天然辣椒提取物	0.01	品质改良剂	按照国家相关标准添加

产品特点:具有典型青花椒香味和滋味。

3. 休闲调味烧烤味胡豆配方(表3-191)

表3-191 休闲调味烧烤味胡豆配方

原料	生产配方/kg	原料	生产配方/kg
煮熟的胡豆	15	I+G	0.01
耐高温复合调味油	0.2	天然辣椒提取物	0.01
烤香烧烤专用天然香辛料提取物	0.06	山梨酸钾	按照国家相关标准添加
食盐	0.3	脱氢乙酸钠	按照国家相关标准添加
山椒泥(含水)	2	柠檬酸	0.005
缓慢释放风味肉粉	0.015	烤香风味提取物	0.003
谷氨酸钠	0.2	辣椒红色素	适量

产品特点:具有烧烤风味。

4. 休闲调味糊辣椒味胡豆配方(表3-192)

表3-192 休闲调味糊辣椒味胡豆配方

原料	生产配方/kg	原料	生产配方/kg
糊辣椒提取物	0.006	I+G	0.01
糊辣椒	1.3	天然辣椒提取物	0.01
煮熟的胡豆	15	山梨酸钾	按照国家相关标准添加
食盐	0.3	脱氢乙酸钠	按照国家相关标准添加
山椒泥(含水)	2	柠檬酸	0.005
缓慢释放风味肉粉	0.015	五香风味提取物	0.003
谷氨酸钠	0.2	辣椒红色素	适量

产品特点:具有糊辣椒风味的口感和滋味。

5. 休闲调味酱香胡豆配方(表3-193)

表3-193 休闲调味酱香胡豆配方

原料	生产配方/kg	原料	生产配方/kg
煮熟的胡豆	15	I+G	0.01
食盐	0.3	天然辣椒提取物	0.01
酱香发酵风味提取物	0.2	山梨酸钾	按照国家相关标准添加
山椒泥(含水)	0.6	脱氢乙酸钠	按照国家相关标准添加
缓慢释放风味肉粉	0.015	柠檬酸	0.005
谷氨酸钠	0.2	酱香风味提取物	0.003

产品特点:具有独特的酱香风味和口感。

6. 休闲调味五香胡豆配方(表3-194)

表3-194 休闲调味五香胡豆配方

原料	生产配方/kg	原料	生产配方/kg
煮熟的胡豆	15	I+G	0.01
五香风味提取物	0.2	天然辣椒提取物	0.01
食盐	0.3	山梨酸钾	按照国家相关标准添加
山椒泥(含水)	0.6	脱氢乙酸钠	按照国家相关标准添加
缓慢释放风味肉粉	0.025	柠檬酸	0.005
谷氨酸钠	0.2	天然香辛料风味提取物	0.003

产品特点:具有五香特征风味。

7. 休闲调味老鬼胡豆配方(表 3-195)

表 3-195 休闲调味老鬼胡豆配方

原料	生产配方/kg	原料	生产配方/kg
天然甜味剂	0.2	谷氨酸钠	0.2
煮熟的胡豆	15	I+G	0.01
酱色调味剂	0.2	天然辣椒提取物	0.01
酸味剂	0.3	山梨酸钾	按照国家相关标准添加
食盐	0.3	脱氢乙酸钠	按照国家相关标准添加
山椒泥(含水)	2	柠檬酸	0.005
缓慢释放风味肉粉	0.045	酱香风味提取物	0.003

产品特点:具有独特的酸辣甜口感。

8. 休闲调味香辣胡豆配方(表 3-196)

表 3-196 休闲调味香辣胡豆配方

原料	生产配方/kg	原料	生产配方/kg
煮熟的胡豆	100	乙基麦芽酚	0.02
谷氨酸钠	0.9	水溶辣椒提取物	0.3
食盐	3.5	白砂糖	2.3
缓慢释放风味肉粉	0.5	麻辣专用调味油	0.02
柠檬酸	0.2	辣椒香味提取物	0.002
辣椒油	3.2	辣椒红色素	适量
I+G	0.04	山梨酸钾	按照国家相关标准添加

产品特点:具有香辣风味的特征和滋味。

9. 休闲调味麻辣胡豆配方(表 3－197)

表 3－197　休闲调味麻辣胡豆配方

原料	生产配方/kg	原料	生产配方/kg
花椒风味提取物	0.16	乙基麦芽酚	0.02
煮熟的胡豆	100	水溶辣椒提取物	0.3
谷氨酸钠	0.9	白砂糖	2.3
食盐	3.5	麻辣专用调味油	0.02
缓慢释放风味肉粉	0.5	辣椒香味提取物	0.002
柠檬酸	0.2	辣椒红色素	适量
辣椒油	3.2	山梨酸钾	按照国家相关标准添加
I＋G	0.04		

产品特点：麻辣口感和滋味明显。

10. 休闲调味清香麻辣胡豆配方(表 3－198)

表 3－198　休闲调味清香麻辣胡豆配方

原料	生产配方/kg	原料	生产配方/kg
青花椒香味提取物	0.06	I＋G	0.04
木姜子提取物	0.02	乙基麦芽酚	0.02
煮熟的胡豆	100	水溶辣椒提取物	0.3
谷氨酸钠	0.9	白砂糖	2.3
食盐	3.5	麻辣专用调味油	0.09
缓慢释放风味肉粉	0.5	辣椒香味提取物	0.002
柠檬酸	0.2	辣椒红色素	适量
辣椒油	3.2	山梨酸钾	按照国家相关标准添加

产品特点：清香麻辣特点明显。

11. 休闲调味香辣烂胡豆配方(表 3 – 199)

表 3 – 199 休闲调味香辣烂胡豆配方

原料	生产配方/kg	原料	生产配方/kg
食用油	9	缓慢释放风味肉粉	0.2
脱皮白芝麻	2.6	辣椒红色素 150E	0.01
烂胡豆	79.5	辣椒天然香味物质	0.005
辣椒	2.3	食盐	3
谷氨酸钠	5	山梨酸钾	按照国家相关标准添加
白砂糖	1	品质改良剂	按照国家相关标准添加
水溶辣椒提取物	0.14		

产品特点:具有独特口感的烂胡豆风味,烂胡豆口感经典,辣味持久自然。

12. 休闲调味麻辣烂胡豆配方(表 3 – 200)

表 3 – 200 休闲调味麻辣烂胡豆配方

原料	生产配方/kg	原料	生产配方/kg
食用油	9	水溶辣椒提取物	0.14
麻辣专用调味油	0.2	缓慢释放风味肉粉	0.2
脱皮白芝麻	2.6	辣椒红色素 150E	0.01
烂胡豆	79.5	辣椒天然香味物质	0.005
辣椒	2.3	食盐	3
谷氨酸钠	5	山梨酸钾	按照国家相关标准添加
白砂糖	1		

产品特点:具有麻辣风味的烂胡豆泥口感和滋味。

13. 休闲调味清香麻辣烂胡豆配方(表 3-201)

表 3-201　休闲调味清香麻辣烂胡豆配方

原料	生产配方/kg	原料	生产配方/kg
青花椒香味提取物	0.06	水溶辣椒提取物	0.14
清香天然香辛料提取物	0.09	缓慢释放风味肉粉	0.2
食用油	9	辣椒红色素 150E	0.01
脱皮白芝麻	2.6	辣椒天然香味物质	0.005
烂胡豆	79.5	食盐	3
辣椒	2.3	山梨酸钾	按照国家相关标准添加
谷氨酸钠	5	花椒提取物	0.3
白砂糖	1		

产品特点:具有清香麻辣风味特点。

14. 休闲调味烤肉味兰花豆调味料配方 1(表 3-202)

表 3-202　休闲调味烤肉味兰花豆调味料配方 1

原料	生产配方/kg	原料	生产配方/kg
蛋白糖-60	8	海南黑胡椒粉	1
食盐	6	烤肉液体香精	1
兰花豆专用调味粉	10	热反应牛肉粉状香精香料	1
辣椒红色素 30 色价	0.15	增香剂	2
辣椒提取物	0.05	增鲜剂	1
辣椒粉(朝天椒:二荆条:子弹头=1:2:1)	1	水解植物蛋白粉	1

产品特点:烤肉味纯正。

本节的第 1~14 个配方所生产的产品可以做成即食菜,可以作为自热米饭配菜,可以做下饭菜,可以做成酒店专用配菜,也可以作为自热烧烤使用,口感奇特。

15. 休闲调味烤牛肉味兰花豆调味料配方2(表3-203)

表3-203 休闲调味烤牛肉味兰花豆调味料配方2

原料	生产配方/kg	原料	生产配方/kg
甜味剂	2	辣椒红色素30色价	0.2
食盐	5.8	辣椒提取物	0.1
柠檬酸	0.2	辣椒粉(朝天椒:二荆条:子弹头=1:2:1)	1.6
葱白粉	2	海南黑胡椒粉	0.6
洋葱粉	1.5	烤牛肉液体香精	0.04
谷氨酸钠粉	3	热反应牛肉粉状香精香料	6
I+G	0.15	增香剂	0.8
香葱粉	1.6	增鲜剂	1.4
热反应鸡肉粉状香精香料	4	烤牛肉热反应粉状香精香料	1.2

产品特点:烤牛肉热反应粉状香精香料、热反应牛肉粉状香精香料、烤牛肉液体香精香料、热反应鸡肉粉状香精香料的品质至关重要,也是复合调味的关键所在。

16. 休闲调味香辣味兰花豆调味料配方1(表3-204)

表3-204 休闲调味香辣味兰花豆调味料配方1

原料	生产配方/kg	原料	生产配方/kg
甜味剂	10	花椒粉	0.4
食盐	9.5	辣椒提取物	0.12
谷氨酸钠粉	3.2	辣椒粉(朝天椒:二荆条:子弹头=1:2:1)	6
I+G	0.12	海南黑胡椒粉	0.2
干贝素	0.12	香菜液体香精香料	0.04
葱白粉	1	强化后味鸡肉粉状香精香料	6

续表

原料	生产配方/kg	原料	生产配方/kg
洋葱粉	1.2	增香剂	0.2
香葱粉	1.5	增鲜剂	2.1
热反应鸡肉粉状香精香料	6	清香型鸡肉液体香精香料	0.2

产品特点：特殊的香味是调味的关键。

17. 休闲调味香辣味兰花豆调味料配方 2（表 3－205）

表 3－205　休闲调味香辣味兰花豆调味料配方 2

原料	生产配方/kg	原料	生产配方/kg
甜味剂	10	辣椒粉（朝天椒：二荆条：子弹头＝1：2：1）	10
食盐	11	海南黑胡椒粉	0.2
强化后味兰花豆配料	10.2	清香型鸡肉液体香精香料	2
辣椒提取物	1	强化后味鸡肉粉状香精香料	10

产品特点：具有鸡肉香味的香辣风味。

18. 休闲调味香辣牛肉味兰花豆调味料配方（表 3－206）

表 3－206　休闲调味香辣牛肉味兰花豆调味料配方

原料	生产配方/kg	原料	生产配方/kg
甜味剂	2.8	青花椒粉	0.4
食盐	9.5	辣椒提取物	0.1
谷氨酸钠粉	2.8	辣椒粉（朝天椒：二荆条：子弹头＝1：2：1）	6.2
I＋G	0.1	海南黑胡椒粉	0.22
干贝素	0.16	牛肉液体香精香料	0.05
葱白粉	1.2	葱香牛肉粉状热反应香精香料	4.5

续表

原料	生产配方/kg	原料	生产配方/kg
洋葱粉	1.2	增香剂	0.2
香葱粉	1.5	增鲜剂	1.5
热反应牛肉粉状香精香料	6	水解植物蛋白粉	0.8

产品特点:香辣味、牛肉味复合一体,辣味持久,鲜味柔和,吃后不口干。

19. 休闲调味香辣鸡腿味兰花豆调味料配方(表3-207)

表3-207 休闲调味香辣鸡腿味兰花豆调味料配方

原料	生产配方/kg	原料	生产配方/kg
甜味剂	3	辣椒提取物	0.1
食盐	10.5	辣椒粉(朝天椒:二荆条:子弹头=1:2:1)	5.8
谷氨酸钠粉	3	海南黑胡椒粉	0.18
I+G	0.08	清香鸡肉液体香精香料	0.04
干贝素	0.15	强化后味鸡肉粉状香精香料	8
葱白粉	0.9	增香剂	0.5
洋葱粉	1.5	增鲜剂	1.6
香葱粉	0.8	酵母味素	0.85
热反应鸡肉粉状香精香料	5.8	豆瓣粉	0.08
花椒粉	0.3		

产品特点:鸡肉味纯正。

20. 休闲调味酱汁牛肉味兰花豆调味料配方 1(表 3－208)

表 3－208 休闲调味酱汁牛肉味兰花豆调味料配方 1

原料	生产配方/kg	原料	生产配方/kg
甜味剂	3.1	大红袍花椒粉	0.15
食盐	10.3	辣椒提取物	0.15
谷氨酸钠粉	2.4	辣椒粉(朝天椒:二荆条:子弹头=1:2:1)	5.5
I+G	0.08	海南黑胡椒粉	2.5
干贝素	0.1	风味强化剂	0.5
葱白粉	1.2	酱香牛肉液体香精香料	0.2
洋葱粉	0.9	豆豉粉	0.8
香葱粉	1	增鲜剂	0.6
热反应酱牛肉粉状香精香料	6.6	酵母味素	1.6

产品特点:酱汁的香味,纯正牛肉味是本调味料的复配关键。

21. 休闲调味酱汁牛肉味兰花豆调味料配方 2(表 3－209)

表 3－209 休闲调味酱汁牛肉味兰花豆调味料配方 2

原料	生产配方/kg	原料	生产配方/kg
蛋白糖 60 倍	8	大红袍花椒粉	0.21
食盐	6	辣椒提取物	0.2
谷氨酸钠粉	2	辣椒粉(朝天椒:二荆条:子弹头=1:2:1)	7.1
I+G	0.05	海南黑胡椒粉	3.5
干贝素	0.1	水解植物蛋白粉	0.8
葱白粉	2	酱香牛肉液体香精香料	0.15
洋葱粉	1	郫县豆瓣粉	1.2
香葱粉	1.2	增鲜剂	2
热反应酱牛肉粉状香精香料	4.2	热反应牛肉粉状香精香料	1.6

产品特点:具有酱汁牛肉的新型风味。

22. 休闲调味特色麻辣味兰花豆调味料配方(表3-210)

表3-210　休闲调味特色麻辣味兰花豆调味料配方

原料	生产配方/kg	原料	生产配方/kg
食盐	78	甜味剂	3
谷氨酸钠	19	清香型专用花椒提取物	0.6
I+G	0.8	芝麻油香基	0.02
干贝素	0.1	强化后味鸡肉粉状香精香料	2
朝天椒细辣椒粉	84	热反应鸡肉粉状香精香料	5
江津青花椒粉	22	酵母味素	2
海南白胡椒粉	29	增香剂	0.2

产品特点:具有麻辣风味特征,麻辣味持久柔和。

以上这些调味料即可作为自热食品的配料,也可以作为自热烧烤的蘸料,让自热烧烤风味多元化,每份5~10g,提高自热食品的风味。还可以作为小豆腐、餐饮连锁、小吃蘸料、狼牙土豆等的配套,便于标准化操作,消费认可度高。

四、休闲调味胡豆生产注意事项

如今很多胡豆生产厂家存在的问题就是如何降低明矾的含量,让消费者真正吃到健康美味的胡豆。

第十五节　休闲调味豌豆

炒制豌豆比较多,休闲化也不少,唯有将豌豆和鸡肉组合形成独特的豆豆鸡产品是极少数企业的生存之本。

一、休闲调味豌豆生产工艺流程

1. 休闲调味泡制豌豆食品生产工艺

豌豆→浸泡→蒸煮或者炒制→调味→包装→杀菌→检验→喷码→检查→装箱→封箱→加盖生产合格证→入库

2. 休闲调味麻辣豌豆调味料生产工艺

豌豆→砂炒→上糖浆→调味→包装→休闲豌豆小吃→检验→喷码→检查→装箱→封箱→加盖生产合格证→入库

3. 豆豆鸡生产工艺

豌豆→浸泡→炒制(添加鸡肉)→调味→包装→杀菌→检验→喷码→检查→装箱→封箱→加盖生产合格证→入库

二、休闲调味豌豆生产技术要点

1. 豌豆浸泡

因为豌豆的组织比较硬,需要经过长时间浸泡才能让其入味。

2. 蒸煮或者炒制

蒸煮便于风味化物质渗透到豌豆之中去,这是缓慢释放风味技术的充分体现。炒制便于豌豆和肉类风味的有机结合,这是创新休闲豌豆小食品的奇迹。

3. 调味

调味根据豌豆系列产品的不同而不同,煮熟型是调味料与豌豆充分混合吸收,炒制型则是豌豆和肉类吸收调味料,糖浆型则是外撒复合调味料,这三者是有一定区别的。

4. 包装

不同的加工方式,包装方式也不同,煮熟型和炒制型采用抽真空包装,而糖浆型采用普通包装或者更好的充气包装。

5. 杀菌

蒸煮型和炒制型豌豆休闲食品采用高温高压杀菌,最佳杀菌条件为不添加防腐剂 121℃,杀菌 20min。

6. 砂炒

砂炒的目的是将豌豆炒成极其酥化的程度,便于吃起来口感较好。

7. 上糖浆

上糖浆是为了改变豌豆的口感,也是休闲豌豆的优化之一。也可以不上糖浆直接调味后食用。

三、休闲调味豌豆生产配方

1. 休闲调味山椒味豌豆配方(表3-211)

表3-211　休闲调味山椒味豌豆配方

原料	生产配方/kg	原料	生产配方/kg
煮熟的豌豆	16	耐高温天然辣椒提取物	0.01
食盐	0.3	山梨酸钾	按照国家相关标准添加
野山椒(含水)	2	脱氢乙酸钠	按照国家相关标准添加
缓慢释放风味肉粉	0.1	耐高温野山椒风味提取物	0.1
谷氨酸钠	0.2	野山椒风味强化香辛料	0.11
I+G	0.01		

产品特点:具有山椒风味特色的休闲调味豌豆产品,是创新调味的新元素,也是流行风味的创举。

2. 休闲调味麻辣味豌豆配方(表3-212)

表3-212　休闲调味麻辣味豌豆配方

原料	生产配方/kg	原料	生产配方/kg
耐高温麻辣味专用调味油	0.2	I+G	0.01
煮熟的豌豆	16	耐高温天然辣椒提取物	0.01
食盐	0.3	山梨酸钾	按照国家相关标准添加

续表

原料	生产配方/kg	原料	生产配方/kg
野山椒泥(含水)	2	脱氢乙酸钠	按照国家相关标准添加
缓慢释放风味肉粉	0.1	耐高温保鲜青花椒风味提取物	0.1
谷氨酸钠	0.2	麻辣风味强化天然香辛料提取物	0.05

产品特点:具有麻辣特色风味。

3. 休闲调味五香味豌豆配方(表3-213)

表3-213 休闲调味五香味豌豆配方

原料	生产配方/kg	原料	生产配方/kg
耐高温五香专用调味油	0.2	谷氨酸钠	0.2
煮熟的豌豆	16	I+G	0.01
食盐	0.3	耐高温天然辣椒提取物	0.01
野山椒泥(含水)	2	耐高温五香复合风味提取物	0.1
缓慢释放风味肉粉	0.1	五香风味强化天然香辛料提取物	0.05

产品特点:具有特色五香风味。

4. 休闲调味香辣味豌豆配方1(表3-214)

表3-214 休闲调味香辣味豌豆配方1

原料	生产配方/kg	原料	生产配方/kg
耐高温香辣专用调味油	0.2	谷氨酸钠	0.2
煮熟的豌豆	16	I+G	0.01
食盐	0.3	耐高温天然辣椒提取物	0.01
野山椒泥(含水)	2	保鲜青花椒风味提取物	0.1
缓慢释放风味肉粉	0.1	香辣风味强化天然香辛料提取物	0.05

产品特点:具有特色的香辣风味特征。

5. 休闲调味香辣味豌豆配方2(表3-215)

表3-215 休闲调味香辣味豌豆配方2

原料	生产配方/kg	原料	生产配方/kg
耐高温香辣味专用调味油	0.1	I+G	0.04
煮熟的豌豆	100	乙基麦芽酚	0.02
谷氨酸钠	0.9	水溶辣椒提取物	0.3
食盐	3.5	白砂糖	2.3
缓慢释放风味肉粉	0.5	耐高温麻辣专用调味原料	0.02
柠檬酸	0.2	辣椒香精	0.002
辣椒油	3.2	辣椒红色素	适量

产品特点:香辣风味特点明显。

6. 休闲调味麻辣豌豆调味料配方(表3-216)

表3-216 休闲调味麻辣豌豆调味料配方

原料	生产配方/kg	原料	生产配方/kg
增鲜剂	0.6	强化后味鸡肉粉状香精香料	8
增香剂	0.03	海南黑胡椒粉	0.3
食盐粉	32	酱油粉	1.6
酱香牛肉膏状乳化类香精香料	1	洋葱粉	3
清香型青花椒树脂精油	0.02	酱香烤牛肉液体香精香料	0.2
谷氨酸钠粉	16	朝天椒辣椒粉	12
I+G	0.4	食用抗结剂	0.2
干贝素	0.3	热反应鸡肉粉状香精香料	4
葱白粉	8	青花椒粉	1.2
甜味剂	0.2		

产品特点:具有麻辣风味特征。

7. 休闲调味豆豆鸡配方(表3-217)

表3-217 休闲调味豆豆鸡配方

原料	生产配方/kg	原料	生产配方/kg
鸡肉粒	20	缓慢释放风味肉粉	0.2
食用油	9	辣椒红色素150E	0.01
浸泡之后煮烂的豌豆	80	辣椒天然香味物质	0.001
烤制的捣碎辣椒片	2.6	食盐	3
谷氨酸钠	6	天然增鲜调味料	0.1
白砂糖	1.2	天然增香调味料	0.1
水溶辣椒提取物	0.14		

产品特点:具有豌豆和鸡肉良好结合的口味和滋味,这是区别于其他产品的特点。

8. 休闲调味酱香味豆豆鸡配方(表3-218)

表3-218 休闲调味酱香味豆豆鸡配方

原料	生产配方/kg	原料	生产配方/kg
鸡肉粒	20	水溶辣椒提取物	0.14
酱香风味提取物	0.05	缓慢释放风味肉粉	0.2
食用油	9	辣椒红色素150E	0.01
浸泡之后煮烂的豌豆	80	辣椒天然香味物质	0.001
烤制的捣碎辣椒片	2.6	食盐	3
谷氨酸钠	6	天然增鲜调味料	0.1
白砂糖	1.2	天然酱香调味料	0.1

产品特点:具有酱香风味特征和口感。

9. 休闲调味糊辣椒味豆豆鸡配方(表3-219)

表3-219　休闲调味糊辣椒味豆豆鸡配方

原料	生产配方/kg	原料	生产配方/kg
糊辣椒香味提取物	0.02	水溶辣椒提取物	0.14
鸡肉粒	20	缓慢释放风味肉粉	0.2
食用油	9	辣椒红色素150E	0.01
浸泡之后煮烂的豌豆	80	辣椒天然香味物质	0.001
烤制的捣碎辣椒片	1.6	食盐	3
谷氨酸钠	6	天然增鲜调味料	0.1
白砂糖	1.2	糊辣椒	0.5

产品特点:具有糊辣椒独特风味和口感。

10. 休闲调味清香麻辣豆豆鸡配方(表3-220)

表3-220　休闲调味清香麻辣豆豆鸡配方

原料	生产配方/kg	原料	生产配方/kg
清香花椒提取物	0.08	水溶辣椒提取物	0.14
鸡肉粒	20	缓慢释放风味肉粉	0.2
食用油	9	辣椒红色素150E	0.01
浸泡之后煮烂的豌豆	80	清香天然香味物质	0.001
烤制的捣碎辣椒片	1.6	食盐	3
谷氨酸钠	6	天然增鲜调味料	0.1
白砂糖	1.2	天然增香调味料	0.1

产品特点:具有清香特点。

11. 休闲调味香辣味豆豆鸡配方(表 3-221)

表 3-221　休闲调味香辣味豆豆鸡配方

原料	生产配方/kg	原料	生产配方/kg
耐高温香辣专用调味油	0.12	水溶辣椒提取物	0.14
鸡肉粒	20	缓慢释放风味肉粉	0.2
食用油	9	辣椒红色素 150E	0.01
浸泡之后煮烂的豌豆	80	辣椒天然香味物质	0.001
烤制的捣碎辣椒片	1.6	食盐	3
谷氨酸钠	6	天然增鲜调味料	0.1
白砂糖	1.2	天然增香调味料	0.1

产品特点:具有香辣风味特征和滋味。

12. 休闲调味麻辣味豆豆鸡配方(表 3-222)

表 3-222　休闲调味麻辣味豆豆鸡配方

原料	生产配方/kg	原料	生产配方/kg
耐高温麻辣专用调味油	0.2	水溶辣椒提取物	0.14
鸡肉粒	20	缓慢释放风味肉粉	0.2
食用油	9	辣椒红色素 150E	0.01
浸泡之后煮烂的豌豆	80	辣椒天然香味物质	0.001
烤制的捣碎辣椒片	2.6	食盐	3
谷氨酸钠	6	天然增鲜调味料	0.1
白砂糖	1.2	天然增香调味料	0.1

产品特点:具有麻辣特征风味及滋味。

13. 休闲调味藤椒味豆豆鸡配方(表 3-223)

表 3-223　休闲调味藤椒味豆豆鸡配方

原料	生产配方/kg	原料	生产配方/kg
耐高温藤椒提取物	0.1	水溶辣椒提取物	0.14
鸡肉粒	20	缓慢释放风味肉粉	0.2

续表

原料	生产配方/kg	原料	生产配方/kg
食用油	9	辣椒红色素 150E	0.01
浸泡之后煮烂的豌豆	80	藤椒天然香味物质	0.001
烤制的捣碎辣椒片	2.6	食盐	3
谷氨酸钠	6	天然增鲜调味料	0.1
白砂糖	1.2	天然增香调味料	0.1

产品特点:具有藤椒香味特征。

14. 休闲调味烧烤味豆豆鸡配方(表 3-224)

表 3-224　休闲调味烧烤味豆豆鸡配方

原料	生产配方/kg	原料	生产配方/kg
鸡肉粒	20	水溶辣椒提取物	0.14
烧烤香味提取物	0.2	缓慢释放风味肉粉	0.2
食用油	9	辣椒红色素 150E	0.01
浸泡之后煮烂的豌豆	80	辣椒天然香味物质	0.001
烤制的捣碎辣椒片	2.6	食盐	3
谷氨酸钠	6	天然烤香调味料	0.1
白砂糖	1.2	天然孜然调味料	0.1

产品特点:具有烧烤香味的豆豆鸡产品。

这些休闲产品口感特殊,回味较好,可以选择做更多的创新:①自热米饭使用口感奇特,每份自热米饭采用 25g 包装即可满足消费需求。②自热烧烤能够产生独特的肉香,这是其他配菜没法达到的效果,每份可以采用 20g 包装。③即食菜消费认可度很高,任何一个消费的环节均可使用,每份 10g 比较理想。④下饭菜选择的效果非常理想,改变口感和消费的认可度。⑤炒饭选择可以提高消费的复购程度。⑥自热重庆小面带来意想不到的味觉,每份 10g 即可满足消费需求。⑦自热火锅、自热麻辣烫、自然干锅、自热串串香都是创新消费需求的升级,每份 25g 带来消费的重复购买。

四、休闲调味豌豆生产注意事项

一些豌豆休闲化制品已经在市场上出现，但是味道不被消费者认可，这给这个行业发展带来了极大的困扰。豌豆由于组织比较坚硬，采用泥砂炒制使其酥脆、可口，再通过糖浆、调味料的复合调味，可以使其成为别具一格的休闲食品。调味过程与兰花豆调味一致，调味料也可采用兰花豆专用调味料。生产过程中采用无防腐剂高温杀菌即可使豌豆休闲化更安全。豆豆鸡系列是在实践中让企业得到回报的案例，在局部市场消费者认可率极高，成本低价格高，消费者吃后回头率高。

第十六节　休闲调味豆芽

在金针菇、竹笋等休闲蔬菜调味不断取得成功的同时，长达数十年的豆芽生产企业发现将豆芽调成麻辣风味口感极好，根据这一信息不断深入研究，得到理想的麻辣豆芽产品。经过多次盲测，麻辣豆芽休闲食品消费认可率较高，将它作为休闲食品必将会有强烈的需求愿望，于是本节专门探讨麻辣豆芽的调味技巧。

豆芽来自黄豆经过生长发育而成，选择颗粒饱满的黄豆作为原料进行制作非常关键，一方面不容易腐烂，另一方面味道纯正便于调味处理。豆芽的原料需要达到一般食品常规标准检测，不得含有任何危害人体健康的成分作为原料，芽瓣微黄是其特征之一，芽根有根毛，芽身健壮，无不良风味。豆腥味要求不重，不能有明显的腥味，因为腥味会影响调味过程中一些原料的风味变化，尤其是对鲜味剂的破坏，致使一些氨基酸类的鲜味消失。一些豆芽原料具有生铁锈风味，这样的豆芽不便用于做成麻辣豆芽休闲食品，这会改变豆芽本身的香味。保证清香的豆芽味道和气味才是关键，只有这样才能把麻辣豆芽的特殊香味体现出来。豆芽除了提供吸收风味的载体以外，还需要保持独特的豆香味，这为消费者接受奠定了基础，也是在未来豆芽休闲化的思路方面迈开了一步。豆芽要想实现批量化生产和推广,必须做到如下几方面:一是严格控制豆芽的质量,完全达到一般食品原料的要求;二是豆芽吸收风味程度较强,合理科学利用调味技术,使其调味成本控制在一定范围内而不至于成本偏高;三是豆芽休闲调味之后成品率很低,要合理根据这一特点来定位市场;四是豆芽特征口感和香味是能在市场上站得住脚的关键,也是备受广大消费者接受的原因。

一、休闲调味豆芽生产工艺流程

豆芽→整理、清理→杀青→脱水→腌制→调味→包装→杀菌→检验→喷码→检查→装箱→封箱→加盖生产合格证→入库

二、休闲调味豆芽生产技术要点

1. 豆芽清理

去除不良色泽的豆芽、烂豆芽、豆芽皮和杂物,保持豆芽状态清洁,豆香味纯正,无异味。

2. 杀青

将豆芽放入沸水中煮制5min,充分释放其中的水分。

3. 脱水

将豆芽中的水分脱出,在余水极少的情况下进行调味。

4. 腌制

根据配方腌制已经脱水的豆芽,使其入味,这是成为豆芽具有基础风味的前提。

5. 调味

这是形成特殊麻辣风味的关键,相关原料必须按照配方执行,这才是形成完整麻辣豆芽风味的关键。

6. 包装

采用真空包装,形成休闲菜的包装形式。如果是做成瓶装或者非休闲菜也可以采用别的包装方式。

7. 杀菌

采用水浴90℃,15min杀菌。

三、休闲调味豆芽生产配方

1. 休闲调味麻辣豆芽配方1(表3－225)

表3－225　休闲调味麻辣豆芽配方1

原料	生产配方/kg	原料	生产配方/kg
煮熟后的豆芽(脱水之后)	100	豆芽专用辣椒提取物	0.3
谷氨酸钠	0.9	白砂糖	2.2
食盐	3.5	麻辣专用调味原料	0.02
缓慢释放风味肉粉	0.2	辣椒香精	0.002
复合酸味剂	0.1	辣椒色专用提取物	0.002
复合香辛辣椒油	5	复合抗氧化剂	按照国家相关标准添加
I＋G	0.04	复合防腐剂	按照国家相关标准添加
天然增香粉	0.02		

产品特点:麻味较协调,尤其是高温杀菌之后口感极佳。

2. 休闲调味麻辣豆芽配方2(表3－226)

表3－226　休闲调味麻辣豆芽配方2

原料	生产配方/kg	原料	生产配方/kg
鲜花椒提取物	0.06	天然增香粉	0.02
煮熟后的豆芽(脱水之后)	100	豆芽专用辣椒提取物	0.3
谷氨酸钠	0.9	白砂糖	2.2
食盐	3.5	麻辣专用调味原料	0.02
缓慢释放风味肉粉	0.2	辣椒香精	0.002
复合酸味剂	0.1	辣椒色专用提取物	0.002
复合香辛辣椒油	5	复合抗氧化剂	按照国家相关标准添加
I＋G	0.04	复合防腐剂	按照国家相关标准添加

产品特点:根据以上配方除了可以制作麻辣味以外,还可以同样生产山椒味、泡椒味、牛肉味、香辣味、双椒味、剁椒味、鸡肉味等多种

豆芽休闲制品。

3. 休闲调味清香麻辣豆芽配方(表3－227)

表3－227　休闲调味清香麻辣豆芽配方

原料	生产配方/kg	原料	生产配方/kg
煮熟后的豆芽(脱水之后)	100	天然增香粉	0.02
鲜花椒提取物	0.05	豆芽专用辣椒提取物	0.3
木姜子提取物	0.05	白砂糖	2.2
谷氨酸钠	0.9	麻辣专用调味原料	0.02
食盐	3.5	辣椒香精	0.002
缓慢释放风味肉粉	0.2	辣椒色专用提取物	0.002
复合酸味剂	0.1	复合抗氧化剂	按照国家相关标准添加
复合香辛辣椒油	5	复合防腐剂	按照国家相关标准添加
I+G	0.04		

产品特点:具有清香特点的麻辣味。

4. 休闲调味香辣豆芽配方1(表3－228)

表3－228　休闲调味香辣豆芽配方1

原料	生产配方/kg	原料	生产配方/kg
煮熟后的豆芽(脱水之后)	100	天然增香粉	0.02
香辣专用调味油	0.3	豆芽专用辣椒提取物	0.3
谷氨酸钠	0.9	白砂糖	2.2
食盐	3.5	麻辣专用调味原料	0.02
缓慢释放风味肉粉	0.2	辣椒香精	0.002
复合酸味剂	0.1	辣椒色专用提取物	0.002
复合香辛辣椒油	5	复合抗氧化剂	按照国家相关标准添加
I+G	0.04	复合防腐剂	按照国家相关标准添加

产品特点:具有香辣豆芽风味特征。

5. 休闲调味香辣豆芽配方2(表3－229)

表3－229　休闲调味香辣豆芽配方2

原料	生产配方/kg	原料	生产配方/kg
煮熟后的豆芽(脱水之后)	100	水溶辣椒提取物	0.3
谷氨酸钠	0.9	白砂糖	2.3
食盐	3.5	麻辣专用调味原料	0.02
缓慢释放风味肉粉	0.5	辣椒香精	0.002
柠檬酸	0.2	辣椒红色素	适量
辣椒油	3.2	山梨酸钾	按照国家相关标准添加
I＋G	0.04	品质改良剂	按照国家相关标准添加
乙基麦芽酚	0.02		

产品特点：甜酸口感适中，适合大多数消费者选用。

6. 休闲调味香辣豆芽配方3(表3－230)

表3－230　休闲调味香辣豆芽配方3

原料	生产配方/kg	原料	生产配方/kg
食用油	9	缓慢释放风味肉粉	0.2
煮熟后的豆芽(脱水之后)	79.5	辣椒红色素150E	0.01
辣椒	2.3	辣椒天然香味物质	0.001
谷氨酸钠	5	食盐	3
白砂糖	1	山梨酸钾	按照国家相关标准添加
水溶辣椒提取物	0.14	品质改良剂	按照国家相关标准添加

产品特点：香辣风味独特，辣椒直接吃而不辣。

7. 休闲调味山椒豆芽配方(表 3-231)

表 3-231　休闲调味山椒豆芽配方

原料	生产配方/kg	原料	生产配方/kg
煮熟后的豆芽(脱水之后)	17	天然辣椒提取物	0.012
山椒(含水)	2.1	山梨酸钾	按照国家相关标准添加
缓慢释放风味肉粉	0.1	脱氢乙酸钠	按照国家相关标准添加
谷氨酸钠	0.2	柠檬酸	0.1
I+G	0.01	山椒提取物	0.01

产品特点:具有野山椒风味。

8. 休闲调味五香豆芽配方(表 3-232)

表 3-232　休闲调味五香豆芽配方

原料	生产配方/kg	原料	生产配方/kg
煮熟后的豆芽(脱水之后)	17	天然辣椒提取物	0.012
山椒泥	2.1	山梨酸钾	按照国家相关标准添加
五香调味油	0.12	脱氢乙酸钠	按照国家相关标准添加
缓慢释放风味肉粉	0.1	柠檬酸	0.1
谷氨酸钠	0.2	五香味香辛料提取物	0.02
I+G	0.01		

产品特点:具有五香特征风味。

9. 休闲调味酱香豆芽配方(表3－233)

表3－233　休闲调味酱香豆芽配方

原料	生产配方/kg	原料	生产配方/kg
煮熟后的豆芽(脱水之后)	17	天然辣椒提取物	0.012
酱香风味提取物	0.08	山梨酸钾	按照国家相关标准添加
山椒泥	2.1	脱氢乙酸钠	按照国家相关标准添加
缓慢释放风味肉粉	0.1	柠檬酸	0.1
谷氨酸钠	0.2	酱油风味提取物	0.01
I+G	0.01		

产品特点:具有天然发酵的酱香风味。

10. 休闲调味酸辣豆芽配方(表3－234)

表3－234　休闲调味酸辣豆芽配方

原料	生产配方/kg	原料	生产配方/kg
煮熟后的豆芽(脱水之后)	17	天然辣椒提取物	0.012
白醋	0.2	山梨酸钾	按照国家相关标准添加
山椒(含水)	2.1	脱氢乙酸钠	按照国家相关标准添加
缓慢释放风味肉粉	0.1	柠檬酸	0.1
谷氨酸钠	0.2	酸辣香味提取物	0.01
I+G	0.01		

产品特点:具有丰富的酸辣口感。

11. 休闲调味芹菜香豆芽配方(表3－235)

表3－235　休闲调味芹菜香豆芽配方

原料	生产配方/kg	原料	生产配方/kg
食用油	9	缓慢释放风味肉粉	0.2
芹菜提取物	0.1	辣椒红色素150E	0.01
煮熟后的豆芽(脱水之后)	79.5	芹菜天然香味物质	0.001

续表

原料	生产配方/kg	原料	生产配方/kg
辣椒	2.3	食盐	3
谷氨酸钠	5	山梨酸钾	按照国家相关标准添加
白砂糖	1	品质改良剂	按照国家相关标准添加
水溶辣椒提取物	0.14		

产品特点:具有芹菜香味特征和口感。

12. 休闲调味青辣椒香豆芽配方(表3-236)

表3-236 休闲调味青辣椒香豆芽配方

原料	生产配方/kg	原料	生产配方/kg
食用油	9	水溶辣椒提取物	0.14
青辣椒提取物	0.1	缓慢释放风味肉粉	0.2
煮熟后的豆芽(脱水之后)	79.5	辣椒红色素150E	0.01
辣椒	2.3	青辣椒天然香味物质	0.001
谷氨酸钠	5	食盐	3
白砂糖	1	山梨酸钾	按照国家相关标准添加

产品特点:具有青辣椒香味。

13. 休闲调味烧烤香豆芽配方(表3-237)

表3-237 休闲调味烧烤香豆芽配方

原料	生产配方/kg	原料	生产配方/kg
食用油	9	水溶辣椒提取物	0.14
烤香孜然提取物	0.1	缓慢释放风味肉粉	0.2
煮熟后的豆芽(脱水之后)	79.5	辣椒红色素150E	0.01
辣椒	2.3	烧烤风味天然香味物质	0.001
谷氨酸钠	5	食盐	3
白砂糖	1	山梨酸钾	按照国家相关标准添加

产品特点:具有烧烤特点。

14. 休闲调味糊辣椒香豆芽配方(表3－238)

表3－238　休闲调味糊辣椒香豆芽配方

原料	生产配方/kg	原料	生产配方/kg
食用油	9	缓慢释放风味肉粉	0.2
糊辣椒香味天然提取物	0.1	辣椒红色素150E	0.01
煮熟后的豆芽(脱水之后)	79.5	糊辣椒粉	2.2
天然鲜味调味料	0.5	食盐	3
谷氨酸钠	5	山梨酸钾	按照国家相关标准添加
白砂糖	1	天然增香剂	0.02
水溶辣椒提取物	0.14		

产品特点:具有糊辣椒香味。

以上配方所做产品口感上乘,是理想的创新休闲食品的关键配套之一:①自热烧烤采用休闲豆芽大大带来消费的热潮,每份40g的包装也使消费者乐于消费。②即食菜的小吃是精品,消费状态是长期需求量大。③干锅配套,无论是餐饮店还是自热干锅,休闲豆芽都是杀手锏,是消费引导的新配菜。④餐饮连锁标准化菜品需求倍增,超过消费的预期。⑤自热火锅的好口感源于休闲豆芽,每份25g让消费的配菜升级。⑥自热重庆小面,形成记忆豆芽味道升级面食品质的奇迹,即便是配套方便面也可得到高消费认可率。⑦自热串串香、自热麻辣烫、自热米饭都需要豆芽这样的好菜品,带来源源不断的消费。

四、休闲调味豆芽生产注意事项

1. 休闲调味豆芽所用调味原料

麻辣豆芽所用的调味原料有食盐、白砂糖、味精、食用油、I＋G、酸味剂、缓慢释放风味肉粉、辣椒香精、辣椒、花椒、香辛料、抗氧化剂、防腐剂等。这些原料是实现麻辣豆芽特色风味的关键,也是调味的秘诀之处。

(1)常用原料

食盐、谷氨酸钠、白砂糖、食用油、I+G 是常用原料,这在市场上都可以采购到,不用做过多的限制。

(2)特色化原料

缓慢释放风味肉粉是如何将调味过程中比较容易流失的风味缓存的最佳办法,通过缓慢释放风味肉粉调味可以使其风味不降低反而强化,缓慢释放风味肉粉还可缓和麻辣豆芽的复合风味,使豆芽的风味趋于柔和化,不至于浪费大量的调味原料却达不到麻辣豆芽需求的口感。这方面有几点是关键之处:一是麻辣豆芽吸收的风味自然释放出来,不至于保存大量肉香风味在豆芽体内;二是豆芽的清香风味不断释放在香辛料之中,适口性提高;三是复合味体现的不是明显的某一种风味而是一个整体的风味;四是口感协调性较好,不会出现断层的口感味觉。辣椒香精赋予麻辣豆芽,独有香味,给消费者熟悉的感受,也是区别于一般产品的定位思路。

(3)酸味剂

采用复合酸味剂来提供麻辣豆芽良好的口感,是与一般调味所不同的,这会对豆芽吸收过多风味提供一些阻碍,导致部分风味达到一定浓度不再过多被豆芽吸收,为麻辣豆芽特色口感提供了调味基础,成为协调复合味的前提。酸味剂还对麻辣豆芽的防腐保鲜方面提供一定的基础,以免长时间储存不至于变坏。

(4)香辛料

辣椒选择色泽上乘的,这样用于调味时对豆芽修饰效果较好,辣椒一方面提供辣味源泉,另一方面提供诱人色泽,再一方面为复合调味提供基础,作用不言而喻。花椒则采用大红袍花椒即可,提供纯正的花椒香味,同时为其他香辛料风味作衬托。其他复合香辛料必须要协调、配伍性好,无异味。香辛料的好坏成为独具香味的前提,同时也为更好复合风味提供基本条件,这成为同样的原料和配方却做出不一样的味道的关键,这也是生产和制造过程中需要严加控制的一方面。

(5)辅助配料

对于使用一些含油脂调味的产品在流通过程中会出现变哈、酸败、异味现象，需要添加抗氧化剂进行辅助。在加工过程中会采用防腐剂作为防止麻辣豆芽变坏的措施，防腐剂就是必不可少的。

2. 调味修饰

通过基础调味在一定程度上达不到需要，通常会采取两方面作为修饰，一方面是工艺方面，而另一方面是调味原料方面。如豆芽经过杀青之后脱水，脱水之后腌制入味，这就是工艺方面的修饰，这方面可以实现麻辣豆芽的风味醇厚。再就是根据添加原料的顺序变化实现口感不一样的修饰性调味，这对于麻辣豆芽的风味形成可谓是创新之举。调味原料的使用方面主要是通过改变香辛料或者酸甜咸味之间的比例，使其口感协调性发生变化，其次是通过添加高浓度香辛料提取物来修饰麻辣豆芽的味道。从这两方面可以将麻辣豆芽的风味调整好，唯有一点就是可以通过调味改变微弱的豆腥味，使其豆腥味降到最低，提升清香的豆香味。

3. 工艺及配方执行

麻辣豆芽制作有别于其他食品之处在于其含水量很高，调味时需要把大量的水除掉，再来调配风味。

第十七节　休闲调味橄榄菜

橄榄菜休闲化还是体现在麻辣、香辣、烧烤三方面，山椒风味较一般，橄榄菜的好坏在于持久的风味体现。

一、休闲调味橄榄菜生产工艺流程

橄榄菜→清理→切细→炒制或者熟制→调味→包装→高温杀菌→检验→喷码→检查→装箱→封箱→加盖生产合格证→入库

二、休闲调味橄榄菜生产技术要点

1. 橄榄菜清理

将橄榄菜清理干净，尤其是杂质和异物，便于食用。

2. 切细

将橄榄菜清洗干净无异味，再进行切细。

3. 炒制

将橄榄菜炒熟至可食用为止。

4. 调味

按照配方比例添加调味原料，使调味料和橄榄菜充分混合均匀，一方面橄榄菜入味效果好，另一方面是橄榄菜口感较佳，这就是对橄榄菜调味的目的。

5. 包装

采用真空包装的袋装或者瓶装均可。

6. 高温杀菌

根据需要采用水浴杀菌，调整适合的温度杀菌，也可做到不添加防腐剂改变杀菌条件。通常采用90℃杀菌12min。

三、休闲调味橄榄菜生产配方

1. 休闲调味香辣橄榄菜配方1（表3－239）

表3－239　休闲调味香辣橄榄菜配方1

原料	生产配方/kg	原料	生产配方/kg
橄榄菜	15.6	天然辣椒提取物	0.012
香辣专用调味油	0.2	山梨酸钾	按照国家相关标准添加
山椒泥	2.1	脱氢乙酸钠	按照国家相关标准添加
缓慢释放风味肉粉	0.1	柠檬酸	0.1
谷氨酸钠	0.2	香辣香味提取物	0.01
I＋G	0.01		

产品特点：具有香辣风味特征。

2. 休闲调味香辣橄榄菜配方 2(表 3-240)

表 3-240 休闲调味香辣橄榄菜配方 2

原料	生产配方/kg	原料	生产配方/kg
香辣风味调味油	0.1	乙基麦芽酚	0.02
橄榄菜	100	水溶辣椒提取物	0.3
谷氨酸钠	0.9	白砂糖	2.3
食盐	3.5	麻辣专用调味原料	0.02
缓慢释放风味肉粉	0.5	辣椒香精	0.002
柠檬酸	0.2	辣椒红色素	适量
辣椒油	3.2	山梨酸钾	按照国家相关标准添加
I+G	0.04	品质改良剂	按照国家相关标准添加

产品特点:具有香辣风味和口感。

3. 休闲调味麻辣橄榄菜配方 1(表 3-241)

表 3-241 休闲调味麻辣橄榄菜配方 1

原料	生产配方/kg	原料	生产配方/kg
橄榄菜	15.6	天然辣椒提取物	0.012
麻辣专用调味油	0.2	山梨酸钾	按照国家相关标准添加
山椒泥	2.6	脱氢乙酸钠	按照国家相关标准添加
缓慢释放风味肉粉	0.1	柠檬酸	0.1
谷氨酸钠	0.2	辣椒香味提取物	0.01
I+G	0.01		

产品特点:具有麻辣风味特征。

4. 休闲调味麻辣橄榄菜配方2(表3－242)

表3－242 休闲调味麻辣橄榄菜配方2

原料	生产配方/kg	原料	生产配方/kg
鲜花椒	0.2	水溶辣椒提取物	0.14
食用油	9	缓慢释放风味肉粉	0.2
麻辣风味提取物	0.1	辣椒红色素150E	0.01
橄榄菜	79.5	麻辣风味天然香味物质	0.001
辣椒	2.3	食盐	3
谷氨酸钠	5	品质改良剂	按照国家相关标准添加
白砂糖	1		

产品特点:麻辣风味特征明显,回味持久、辣味自然柔和。

5. 休闲调味酱香橄榄菜配方(表3－243)

表3－243 休闲调味酱香橄榄菜配方

原料	生产配方/kg	原料	生产配方/kg
橄榄菜	15.6	天然辣椒提取物	0.012
酱油发酵的调味油	0.2	山梨酸钾	按照国家相关标准添加
山椒泥	1.2	脱氢乙酸钠	按照国家相关标准添加
缓慢释放风味肉粉	0.2	柠檬酸	0.1
谷氨酸钠	0.2	酱香味提取物	0.01
I+G	0.01		

产品特点:具有酱香风味和口感,是橄榄菜吃法的变化。

6. 休闲调味独特香辣橄榄菜配方(表3－244)

表3－244 休闲调味独特香辣橄榄菜配方

原料	生产配方/kg	原料	生产配方/kg
食用油	9	水溶辣椒提取物	0.14
香辣专用花椒油提取物	0.1	缓慢释放风味肉粉	0.2

续表

原料	生产配方/kg	原料	生产配方/kg
橄榄菜	79.5	辣椒红色素150E	0.01
辣椒	2.3	香辣风味天然香味物质	0.001
谷氨酸钠	5	食盐	3
白砂糖	1	品质改良剂	按照国家相关标准添加

产品特点：具有独特香辣风味。

作为即食菜，配上一些豆类可以创新吃法，可以作为面食的配套，尤其是馅料的升级，其次就是餐饮连锁的好原料，这一特殊的味道消费认可率极高。

四、休闲调味橄榄菜生产注意事项

橄榄菜流行多年一直平平，如何让味道说话才是橄榄菜不断被消费者认可的关键。南方的橄榄菜系列产品增值的同时，在现有技术条件下实现不添加防腐剂生产休闲调味橄榄菜，不断创新，满足消费者需求。

第十八节　休闲调味甜菊菜

如何处理好甜菊菜的口感和香辣味结合，实现独特的香辣味成为甜菊菜休闲化的关键。

一、休闲调味甜菊菜生产工艺流程

甜菊菜→清理→切细→炒制或者不炒制→调味→包装→高温杀菌→检验→喷码→检查→装箱→封箱→加盖生产合格证→入库

二、休闲调味甜菊菜生产技术要点

1. 甜菊菜清理

对甜菊菜进行清理，以便于生产或者储存，或者清理之后晒至半干,保鲜之后备用,或者直接使用。

2. 切细

切细便于调味、生产及食用,尤其是切细之后便于入味。

3. 炒制

炒制或者煮熟即可直接食用,或者不炒制也可以直接食用,为了工业化生产,炒制之后再进行调味为佳。

4. 调味

调味在于将复合调味料与甜菊菜混合均匀,边加入调味料边搅拌均匀。

5. 包装

采用抽真空包装的袋装或者瓶装均可。

6. 高温杀菌

采用巴氏杀菌即可。建议采用90℃杀菌12min。

三、休闲调味甜菊菜生产配方

1. 休闲调味香辣甜菊菜配方1(表3-245)

表3-245 休闲调味香辣甜菊菜配方1

原料	生产配方/kg	原料	生产配方/kg
甜菊菜	16.6	天然辣椒提取物	0.012
香辣专用调味油	0.2	山梨酸钾	按照国家相关标准添加
泡红辣椒酱	2.1	脱氢乙酸钠	按照国家相关标准添加
缓慢释放风味肉粉	0.1	柠檬酸	0.1
谷氨酸钠	0.2	香辣香味提取物	0.01
I+G	0.01		

产品特点:具有香辣特征风味。

2. 休闲调味香辣甜菊菜配方2(表3－246)

表3－246　休闲调味香辣甜菊菜配方2

原料	生产配方/kg	原料	生产配方/kg
鲜花椒天然提取物	0.02	乙基麦芽酚	0.02
甜菊菜	100	水溶辣椒提取物	0.3
谷氨酸钠	0.9	白砂糖	2.3
食盐	3.5	麻辣专用调味原料	0.02
缓慢释放风味肉粉	0.5	辣椒香精	0.002
柠檬酸	0.2	辣椒红色素	适量
辣椒油	3.2	品质改良剂	按照国家相关标准添加
I+G	0.04		

产品特点:具有香辣风味特点和滋味。

3. 休闲调味麻辣甜菊菜配方(表3－247)

表3－247　休闲调味麻辣甜菊菜配方

原料	生产配方/kg	原料	生产配方/kg
脱皮白芝麻	2	白砂糖	1
鲜花椒	0.2	水溶辣椒提取物	0.14
食用油	9	缓慢释放风味肉粉	0.2
麻辣风味提取物	0.1	辣椒红色素150E	0.01
甜菊菜	83	麻辣风味天然香味物质	0.001
辣椒	2.3	食盐	3
谷氨酸钠	5		

产品特点:具有地道麻辣口感。

4. 休闲调味糊辣椒香甜菊菜配方(表3-248)

表3-248 休闲调味糊辣椒香甜菊菜配方

原料	生产配方/kg	原料	生产配方/kg
脱皮白芝麻	2	谷氨酸钠	5
糊辣椒提取物	0.05	白砂糖	1
烤香牛肉提取物	0.002	水溶辣椒提取物	0.14
鲜花椒	0.2	缓慢释放风味肉粉	0.2
食用油	9	辣椒红色素150E	0.01
麻辣风味提取物	0.1	麻辣风味天然香味物质	0.001
甜菊菜	83	食盐	3
糊辣椒	2.3		

产品特点:具有糊辣椒香味特征和口味。

5. 休闲调味双椒甜菊菜配方(表3-249)

表3-249 休闲调味双椒甜菊菜配方

原料	生产配方/kg	原料	生产配方/kg
脱皮白芝麻	2	野山椒	2
野山椒风味提取物	0.05	谷氨酸钠	5
辣椒香味提取物	0.002	白砂糖	1
鲜花椒	0.2	水溶辣椒提取物	0.14
食用油	9	缓慢释放风味肉粉	0.2
香辣风味专用油	0.1	辣椒红色素150E	0.01
甜菊菜	83	麻辣风味天然香味物质	0.001
辣椒	1.3	食盐	3

产品特点:体现双椒的复合辣味。

6. 休闲调味牛肉味甜菊菜配方(表 3-250)

表 3-250 休闲调味牛肉味甜菊菜配方

原料	生产配方/kg	原料	生产配方/kg
脱皮白芝麻	2	谷氨酸钠	5
烤香牛肉味香精香料	0.05	白砂糖	1
烤香牛肉提取物	0.002	水溶辣椒提取物	0.14
鲜花椒	0.2	缓慢释放风味肉粉	0.2
食用油	9	辣椒红色素 150E	0.01
麻辣风味提取物	0.1	麻辣风味天然香味物质	0.001
甜菊菜	83	食盐	3
糊辣椒	2.3		

产品特点:具有烤香牛肉风味。

7. 休闲调味烤鸡味甜菊菜配方(表 3-251)

表 3-251 休闲调味烤鸡味甜菊菜配方

原料	生产配方/kg	原料	生产配方/kg
脱皮白芝麻	2	谷氨酸钠	5
烤香鸡肉味香精香料	0.05	白砂糖	1
甜味香辛料提取物	0.002	水溶辣椒提取物	0.14
鲜花椒	0.2	缓慢释放风味肉粉	0.2
食用油	9	辣椒红色素 150E	0.01
麻辣风味提取物	0.1	麻辣风味天然香味物质	0.001
甜菊菜	83	食盐	3
糊辣椒	2.3		

产品特点:具有烤香鸡肉风味。

8. 休闲调味五香甜菊菜配方(表3-352)

表3-352 休闲调味五香甜菊菜配方

原料	生产配方/kg	原料	生产配方/kg
五香风味天然提取物	0.02	I+G	0.04
甜菊菜	100	乙基麦芽酚	0.02
谷氨酸钠	0.9	水溶辣椒提取物	0.3
食盐	3.5	白砂糖	2.3
缓慢释放风味肉粉	0.5	天然复合香辛料	0.02
柠檬酸	0.2	五香风味香辛料	0.002
辣椒油	3.2	辣椒红色素	适量

产品特点:具有五香风味特征。

9. 休闲调味酱香甜菊菜配方(表3-253)

表3-253 休闲调味酱香甜菊菜配方

原料	生产配方/kg	原料	生产配方/kg
酱香发酵天然提取物	0.02	I+G	0.04
甜菊菜	100	乙基麦芽酚	0.02
谷氨酸钠	0.9	水溶辣椒提取物	0.3
食盐	3.5	白砂糖	2.3
缓慢释放风味肉粉	0.5	天然复合香辛料	0.02
柠檬酸	0.2	酱香香精	0.002
辣椒油	3.2	辣椒红色素	适量

产品特点:具有独特酱香风味和滋味。

10. 休闲调味原味甜菊菜配方(表3-254)

表3-254 休闲调味原味甜菊菜配方

原料	生产配方/kg	原料	生产配方/kg
甜菊菜天然提取物	0.02	I+G	0.04
甜菊菜	100	乙基麦芽酚	0.02
谷氨酸钠	0.9	水溶辣椒提取物	0.3
食盐	3.5	白砂糖	2.3

续表

原料	生产配方/kg	原料	生产配方/kg
缓慢释放风味肉粉	0.5	复合香辛料	0.02
柠檬酸	0.2	甜菊香味提取物	0.002
辣椒油	3.2	辣椒红色素	适量

产品特点:休闲甜菊菜本味。

特色休闲蔬菜制品市场越来越广,主要体现在:①健康菜,这些是指大多数人不经常吃的健康菜,比较有消费趋势和认可。②养生菜,这些菜具有独特的养生需求元素,是新一类即食菜的代表。③山野菜,作为消费的新食物资源,吃的机会越来越多。④即食菜,有别于一般的即食菜,这是消费者通常消费的选择因素。

四、休闲调味甜菊菜生产注意事项

甜菊菜本来的口感较好,如何被消费者重复消费之后留下记忆是开发的关键。

第十九节　休闲调味银杏

银杏的工业化生产是必然的,也是消费者追求天然风味及其天然食材的必然规律。

一、休闲调味银杏生产工艺流程

银杏→清理→保鲜→炒制或者煮熟→调味→包装→高温杀菌→检验→喷码→检查→装箱→封箱→加盖生产合格证→入库

二、休闲调味银杏生产技术要点

1. 银杏清理

将银杏清理干净便于食用和加工。银杏的批量化加工已经形成,只是稍加规范化管理即可。

2. 保鲜

采用现有保鲜技术保鲜，以便于工业化加工。

3. 炒制或者煮熟

将银杏进行炒制或者熟制，以便于更好地调味。

4. 调味

尽可能让银杏吸收更多的调味原料，这对于调味配方极其重要。

5. 包装

采用抽真空包装的袋装或者瓶装均可。

6. 高温杀菌

采用高温高压杀菌效果最佳，尤其是不添加防腐剂采用12℃杀菌15min。

三、休闲调味银杏生产配方

1. 休闲调味香辣银杏配方1（表3－255）

表3－255　休闲调味香辣银杏配方1

原料	生产配方/kg	原料	生产配方/kg
银杏	14.3	天然辣椒提取物	0.012
香辣专用调味油	0.2	山梨酸钾	按照国家相关标准添加
野山椒酱	2.1	脱氢乙酸钠	按照国家相关标准添加
缓慢释放风味肉粉	0.1	柠檬酸	0.1
谷氨酸钠	0.2	香辣香味提取物	0.01
I+G	0.01		

产品特点：具有回味持久的香辣风味。

2. 休闲调味香辣银杏配方2（表3－256）

表3－256　休闲调味香辣银杏配方2

原料	生产配方/kg	原料	生产配方/kg
鲜青花椒天然提取物	0.02	乙基麦芽酚	0.02
银杏	100	水溶辣椒提取物	0.3

续表

原料	生产配方/kg	原料	生产配方/kg
谷氨酸钠	0.9	白砂糖	2.3
食盐	3.5	麻辣专用调味原料	0.02
缓慢释放风味肉粉	0.5	辣椒香精	0.002
柠檬酸	0.2	辣椒红色素	适量
辣椒油	3.2	品质改良剂	按照国家相关标准添加
I+G	0.04		

产品特点:具有香辣特色风味,是银杏休闲产品风味化的趋势之一。

3. 休闲调味山椒味银杏配方(表3-257)

表3-257　休闲调味山椒味银杏配方

原料	生产配方/kg	原料	生产配方/kg
银杏	14.3	天然辣椒提取物	0.012
鸡肉液体香精香料	0.2	山梨酸钾	按照国家相关标准添加
野山椒	2.1	脱氢乙酸钠	按照国家相关标准添加
缓慢释放风味肉粉	0.1	柠檬酸	0.1
谷氨酸钠	0.2	野山椒香味提取物	0.01
I+G	0.01		

产品特点:具有山椒风味。

4. 休闲调味清爽山椒味银杏配方(表3-258)

表3-258　休闲调味清爽山椒味银杏配方

原料	生产配方/kg	原料	生产配方/kg
清香鲜花椒提取物	0.02	I+G	0.01

续表

原料	生产配方/kg	原料	生产配方/kg
木姜子提取物	0.06	天然辣椒提取物	0.012
银杏	14.3	山梨酸钾	按照国家相关标准添加
鸡肉液体香精香料	0.2	脱氢乙酸钠	按照国家相关标准添加
野山椒	2.1	柠檬酸	0.1
缓慢释放风味肉粉	0.1	野山椒香味提取物	0.01
谷氨酸钠	0.2		

产品特点:具有清香风味的山椒口感和滋味。

5. 休闲调味麻辣银杏配方(表3-259)

表3-259 休闲调味麻辣银杏配方

原料	生产配方/kg	原料	生产配方/kg
鲜青花椒	0.2	白砂糖	1
食用油	9	水溶辣椒提取物	0.14
麻辣风味提取物	0.1	缓慢释放风味肉粉	0.2
银杏	83	辣椒红色素150E	0.01
辣椒	2.3	麻辣风味天然香味物质	0.001
谷氨酸钠	5	食盐	3

产品特点:具有新派麻辣风味特征。

6. 休闲调味糊辣椒香银杏配方(表3-260)

表3-260 休闲调味糊辣椒香银杏配方

原料	生产配方/kg	原料	生产配方/kg
食用油	9	水溶辣椒提取物	0.14
糊辣椒风味提取物	0.1	缓慢释放风味肉粉	0.2
银杏	83	辣椒红色素150E	0.01
辣椒	2.3	麻辣风味天然香味物质	0.001

续表

原料	生产配方/kg	原料	生产配方/kg
谷氨酸钠	5	食盐	3
白砂糖	1	品质改良剂	按照国家相关标准添加

产品特点:具有流行糊辣椒的香味口感及滋味。

四、休闲调味银杏生产注意事项

银杏产品资源丰富,深加工程度低,创新资源少,尤其是将这一休闲调味食品的优势体现为未来新食品资源的优势,让更多消费者乐于重复消费。银杏还可以精深加工成为银杏丝新产品,这是将银杏的开发和利用的领域加大,制造更多银杏休闲食品的做法。当前有银杏茶、银杏酱,但是味道有待于深度参考以上,才能让味道说话让产品说话,以上多个口味将银杏做成酱状仍然具有美味的口感。可以创造即食小菜,也可以做成自热食品的配套,让消费产生记忆,每份包装5g即可。

第二十节　休闲调味香菇

香菇丝实现香辣的主要特色,目前乐客食道已经有多家类似产品畅销市场,目前主要是将这一系列产品不断细化使之趋向高品质。

一、休闲调味香菇生产工艺流程

1. 麻辣香菇丝生产工艺

食用菜籽油→加热→炒制→调味→包装→高温杀菌→检验→喷码→检查→装箱→封箱→加盖生产合格证→入库

2. 麻辣烤香菇调味加工工艺

香菇→浸泡→滤干→炒制→调味→烘烤→麻辣烤香菇休闲食品→检验→喷码→检查→装箱→封箱→加盖生产合格证→入库

二、休闲调味香菇生产技术要点

1. 菜籽油的熟制

将菜油烧至青烟散尽，冷却后备用。

2. 香菇的泡制

干香菇需要经过浸泡之后再加工，鲜香菇不需要进行浸泡，直接炒制即可。

3. 沥干

沥干水分便于炒制。

4. 香菇丝的炒制

炒制香菇丝可以直接食用，也可以是香菇丁，同时也可以是香菇和鸡肉等其他肉类的结合。炒制时添加复合调味料，边炒制边添加复合调味液体即可，炒制水分蒸发掉，再将炒制后的香菇烤制即成为特色的麻辣休闲食品。

5. 调味

将所有调味料加入炒制好的香菇之中，或者是香菇调味之后来烤制。

6. 烘烤

烘烤去除水分以便产生特殊的香味，这是独特的风味体现。

7. 包装

根据不同要求进行包装，有瓶装或者袋装，有真空包装或者散装。

8. 杀菌

休闲香菇或者香菇鸡丁需要杀菌，通常采用121℃杀菌30min为佳。

三、休闲调味香菇生产配方

1. 休闲调味麻辣香菇配方（表3-261）

表3-261　休闲调味麻辣香菇配方

原料	生产配方/kg	原料	生产配方/kg
食用油	9	水溶辣椒提取物	0.14
辣椒香味提取物	0.1	缓慢释放风味肉粉	0.2

续表

原料	生产配方/kg	原料	生产配方/kg
香菇丁	69	辣椒红色素 150E	0.01
辣椒	2.3	麻辣风味天然香味物质	0.001
谷氨酸钠	5	食盐	3
白砂糖	1		

产品特点：具有麻辣风味特点，是消费者认可的风味之一。

2. 休闲调味麻辣香菇鸡丁配方（表 3－262）

表 3－262　休闲调味麻辣香菇鸡丁配方

原料	生产配方/kg	原料	生产配方/kg
食用油	9	辣椒香味提取物	0.05
鸡肉丁	12	水溶辣椒提取物	0.14
香菇丁	69	缓慢释放风味肉粉	0.2
辣椒	2.3	辣椒红色素 150E	0.01
谷氨酸钠	5	麻辣风味天然香味物质	0.001
白砂糖	1	食盐	3

产品特点：既可作为调味菜也可以作为下饭菜，还可以作为休闲菜肴，也可以是休闲食品。

3. 休闲调味麻辣香菇鸡肉酱配方（表 3－263）

表 3－263　休闲调味麻辣香菇鸡肉酱配方

原料	生产配方/kg	原料	生产配方/kg
食用油	9	辣椒香味提取物	0.05
鸡肉酱	12	水溶辣椒提取物	0.14
香菇酱	69	缓慢释放风味肉粉	0.2
辣椒	2.3	辣椒红色素 150E	0.01
谷氨酸钠	5	麻辣风味天然香味物质	0.001
白砂糖	1	食盐	3

产品特点:作为拌面下饭调味菜的最佳选择,是美味的原汁原味体现。该酱也可以做成原味、香辣、麻辣、酸辣等多个口味香菇酱产品。

4. 休闲调味麻辣香菇牛肉酱配方(表 3-264)

表 3-264 休闲调味麻辣香菇牛肉酱配方

原料	生产配方/kg	原料	生产配方/kg
食用油	9	辣椒香味提取物	0.05
牛肉酱	12	水溶辣椒提取物	0.14
香菇酱	69	缓慢释放风味肉粉	0.2
辣椒	2.3	辣椒红色素 150E	0.01
谷氨酸钠	5	麻辣风味天然香味物质	0.001
白砂糖	1	食盐	3

产品特点:同样的方式可以做成猪肉香菇酱、排骨香菇酱、烧烤香菇酱、拌面香菇酱等多个风味化系列产品。

5. 休闲调味麻辣烤香菇调味料配方(表 3-265)

表 3-265 休闲调味麻辣烤香菇调味料配方

原料	生产配方/kg	原料	生产配方/kg
谷氨酸钠	30	水溶性椒香强化液体香精香料	1
食盐	30	清香型青花椒树脂精油	1
增鲜调味粉	1.5	酱香烤牛肉液体香精香料	0.3
乙基麦芽酚	3	葡萄糖	10
水溶性花椒粉	1.5	甜味剂	5
无色辣椒提取物	0.5	热反应鸡肉粉状香精香料	20

产品特点:可以作为干香菇调味使用,要求均为粉状水溶性调味料,入味效果好,是香菇增加辣味、麻味成为休闲食品的新技术应用。

6. 休闲调味孜然辣味烤香菇调味料配方(表 3-266)

表 3-266　休闲调味孜然辣味烤香菇调味料配方

原料	生产配方/kg	原料	生产配方/kg
谷氨酸钠	34	孜然树脂精油	1
食盐	44	酱香烤牛肉液体香精香料	0.5
增鲜调味粉	1.5	葡萄糖	10
乙基麦芽酚	3	甜味剂	1
无色辣椒提取物	0.8	热反应鸡肉粉状香精香料	22
增鲜剂	2		

产品特点:具有孜然香型,辣味突出。

7. 休闲调味清香麻辣烤香菇调味料配方(表 3-267)

表 3-267　休闲调味清香麻辣烤香菇调味料配方

原料	生产配方/kg	原料	生产配方/kg
谷氨酸钠	12	甜味剂	2
食盐	30	青花椒椒麻型花椒油树脂	0.05
增鲜调味粉	0.6	细辣椒粉	10
乙基麦芽酚	1	葱白粉	20
热反应鸡肉粉状香精香料	10	海南黑胡椒粉	13
芥末粉	5	清香型青花椒油树脂精油	0.05

产品特点:清香的花椒油树脂特征明显。

8. 休闲调味香辣香菇酱配方(表 3-268)

表 3-268　休闲调味香辣香菇酱配方

原料	生产配方/kg	原料	生产配方/kg
香菇原酱	100	水溶辣椒提取物	0.3
谷氨酸钠	0.9	白砂糖	2.3
食盐	3.5	麻辣专用调味原料	0.02

续表

原料	生产配方/kg	原料	生产配方/kg
缓慢释放风味肉粉	0.5	辣椒香精	0.002
柠檬酸	0.2	辣椒红色素	适量
辣椒油	3.2	山梨酸钾	按照国家相关标准添加
I+G	0.04	品质改良剂	按照国家相关标准添加
乙基麦芽酚	0.02		

产品特点:具有香辣特征风味。

9. 休闲调味麻辣香菇酱配方(表3-269)

表3-269 休闲调味麻辣香菇酱配方

原料	生产配方/kg	原料	生产配方/kg
麻辣专用调味油	0.2	乙基麦芽酚	0.02
香菇原酱	100	水溶辣椒提取物	0.3
谷氨酸钠	0.9	白砂糖	2.3
食盐	3.5	麻辣专用调味原料	0.02
缓慢释放风味肉粉	0.5	辣椒香精	0.002
柠檬酸	0.2	辣椒红色素	适量
辣椒油	3.2	山梨酸钾	按照国家相关标准添加
I+G	0.04	品质改良剂	按照国家相关标准添加

产品特点:麻辣风味特征明显,口感极佳,留味时间长。

10. 休闲调味糊辣椒香香菇酱配方(表3-270)

表3-270 休闲调味糊辣椒香香菇酱配方

原料	生产配方/kg	原料	生产配方/kg
麻辣专用调味油	0.2	I+G	0.04
糊辣椒香味提取物	0.002	乙基麦芽酚	0.02

续表

原料	生产配方/kg	原料	生产配方/kg
香菇原酱	100	水溶辣椒提取物	0.3
谷氨酸钠	0.9	白砂糖	2.3
食盐	3.5	麻辣专用调味原料	0.02
缓慢释放风味肉粉	0.5	辣椒红色素	适量
柠檬酸	0.2	山梨酸钾	按照国家相关标准添加
辣椒油	3.2		

产品特点:具有糊辣椒香味。

11. 休闲调味清香酸辣香菇片配方(表 3-271)

表 3-271　休闲调味清香酸辣香菇片配方

原料	生产配方/kg	原料	生产配方/kg
清香鲜花椒提取物	0.02	I+G	0.01
木姜子提取物	0.06	天然辣椒提取物	0.012
鲜香菇片	19.3	山梨酸钾	按照国家相关标准添加
鸡肉液体香精香料	0.2	脱氢乙酸钠	按照国家相关标准添加
野山椒	2.1	复合酸味剂	0.1
缓慢释放风味肉粉	0.1	野山椒香味提取物	0.01
谷氨酸钠	0.2		

产品特点:具有典型酸辣特征风味。

12. 休闲调味酸辣香菇片配方(表 3-272)

表 3-272　休闲调味酸辣香菇片配方

原料	生产配方/kg	原料	生产配方/kg
鲜香菇片	19.3	天然辣椒提取物	0.012
鸡肉液体香精香料	0.2	山梨酸钾	按照国家相关标准添加

续表

原料	生产配方/kg	原料	生产配方/kg
野山椒	2.1	脱氢乙酸钠	按照国家相关标准添加
缓慢释放风味肉粉	0.1	复合酸味剂	0.1
谷氨酸钠	0.2	野山椒香味提取物	0.01
I+G	0.01		

产品特点:具有山椒风味特征的酸辣风味。

13.休闲调味山椒香菇片配方(表3-273)

表3-273　休闲调味山椒香菇片配方

原料	生产配方/kg	原料	生产配方/kg
鲜香菇片	18	天然辣椒提取物	0.012
鸡肉液体香精香料	0.2	山梨酸钾	按照国家相关标准添加
野山椒	2.1	脱氢乙酸钠	按照国家相关标准添加
缓慢释放风味肉粉	0.1	复合酸味剂	0.1
谷氨酸钠	0.2	野山椒香味提取物	0.01
I+G	0.01		

产品特点:具有流行的山椒风味和口感。

14.休闲调味香菇丝调味料配方(表3-274)

表3-274　休闲调味香菇丝调味料配方

原料	生产配方/kg	原料	生产配方/kg
食盐	55	热反应鸡肉粉	11
增鲜复合调味料	16	甜味剂	8
60目辣椒粉	22	生姜粉	1
60目花椒粉	5	五香粉	0.2
芝麻油液体香精香料	1		

产品特点：对香菇丝特殊干制调味产品，采用复合调味料进行复合调味即可。将以上调味料与熟制干燥后的香菇丝混合均匀即可得到特色香菇丝产品。

15. 休闲调味鲜香味香菇柄专用调味料配方（表3－275）

表3－275　休闲调味鲜香味香菇柄专用调味料配方

原料	生产配方/kg	原料	生产配方/kg
食盐	30	甜味香辛料提取物	1
味精	40	甜味剂	2.5
I＋G	4.5	复合氨基酸	1.2
乙基麦芽酚	2	清香咸味香精香料	0.2
热反应鸡肉粉	20	复合磷酸盐	0.15

产品特点：无论是烘干加工，还是真空冷冻干燥（简称FD）加工，还是油炸的香菇柄，都是非常有特色的休闲食品，采用调味料对其进行复合调味。采用以上复合调味料按照0.5%的比例将经过熟制之后的FD香菇柄腌制，得到鲜香风味的香菇柄产品，口感鲜香是关键。

16. 休闲调味麻辣味香菇柄专用调味料配方（表3－276）

表3－276　休闲调味麻辣味香菇柄专用调味料配方

原料	生产配方/kg	原料	生产配方/kg
食盐	33	无色辣椒提取物	0.5
味精	32	水溶性黑胡椒粉	1
I＋G	1.8	清香花椒提取物	1
乙基麦芽酚	3	孜然肉香咸味香精香料	0.3
热反应鸡肉粉	20	甜味剂	10
甜味香辛料提取物	5	复合氨基酸	2
水溶性花椒粉	1.5	清香咸味香精香料	0.2

产品特点:将以上调味料按照1.1%的比例和香菇柄混合,腌制即可得到麻辣可口的香菇柄产品。将以上调味料混合油炸的香菇柄,同样能够调出麻辣鲜香的产品。

17. 休闲调味孜然味香菇柄专用调味料配方(表3-277)

表3-277 休闲调味孜然味香菇柄专用调味料配方

原料	生产配方/kg	原料	生产配方/kg
食盐	42	孜然油树脂精油	1
味精	34	孜然肉香咸味香精香料	0.5
I+G	1.5	水溶性孜然粉	0.9
乙基麦芽酚	3	甜味剂	0.2
热反应鸡肉粉	20	复合氨基酸	0.4
甜味香辛料提取物	1	清香咸味香精香料	0.2

产品特点:对香菇柄添加0.8%的以上调味料即可得到孜然味的产品。采用其他原料也可调制出香辣、牛肉、烤肉、芝士、椒香、山椒、鸡肉等风味的香菇柄休闲产品。

18. 休闲调味香辣香菇丝配方(表3-278)

表3-278 休闲调味香辣香菇丝配方

原料	生产配方/kg	原料	生产配方/kg
食用菜籽油	10	白砂糖	2
香菇丝	150	水溶辣椒提取物	0.3
辣椒	15	缓慢释放风味肉粉	1.5
谷氨酸钠	10	辣椒红色素150E	0.06

产品特点:可以作为休闲化的香菇丝菜品。

19. 休闲调味麻辣香菇丝配方(表 3－279)

表 3－279　休闲调味麻辣香菇丝配方

原料	生产配方/kg	原料	生产配方/kg
食用菜籽油	15	缓慢释放风味肉粉	1.5
香菇丝	150	辣椒红色素 150E	0.05
辣椒	15	辣椒香味提取物	0.02
谷氨酸钠	10	食盐	2.1
白砂糖	2	花椒	0.2
水溶辣椒提取物	0.3		

产品特点:具有肉的口感和香味。

休闲香菇的即食系列,消费选择的概率超级高:①自热烧烤根据以上不同的做法得到不同的口感和消费体验。②自热重庆小面,选择以上香菇得到消费的认可,消费者得到美味的记忆。③即食香菇,成为人们选择后重复消费的必然趋势。④早餐配菜,记忆强度超过一般的小菜。⑤下饭菜,可以提高吃的食欲,消费的频率较高。⑥自热米饭配菜,提高米饭自热的档次和香味。⑦自热麻辣烫、自热串串香、自热钵钵鸡都可以采用香菇作为突出口感的升级菜。

四、休闲调味香菇生产注意事项

香菇休闲化的产品很多,但是消费者认可的并不多,尤其是具有记忆的香菇产品极少,如何生产品质极高的香菇系列产品才是工业化的主旨。对于生产环节出现的杀菌后涨袋等传统问题只要能够在生产环节控制,严格执行就不会有更多问题。

第二十一节　休闲调味蘑菇

蘑菇实现香辣的特点，主要体现在蘑菇的味道，诸多产品不入味是当前多家产品面临的难题。成都乐客食品技术开发有限公司在这方面已经实现标准化优化入味的方法，使其蘑菇风味比较突出。调味蘑菇系列小食品是最新休闲植物类产品的新潮，市场一直看好。根据多年研究复合调味食品的经验，笔者特总结整理了一批调味蘑菇系列产品的工艺配方如调味鸡腿菇、调味金针菇、调味茶树菇、调味香菇、调味松茸、调味牛杆菌等，供诸位参考、借鉴。

一、休闲调味蘑菇生产工艺

蘑菇→整理→保鲜→蒸煮→切片→调味→包装→高温杀菌→检验→喷码→检查→装箱→封箱→加盖生产合格证→入库

二、休闲调味蘑菇生产技术要点

1. 调味

如何将有很多风味物质的原料和蘑菇鲜香风味结合起来，如何良好的应用香辛料和香精香料配合，如何达到消费者的需要口味是调味的关键。在调味过程中要完全按照配方进行调味，原料的调价顺序、各种组分原料的多少、红油的配制是调味的关键细节。核心原料的添加是当今调味的关键，也是众多消费者选择的原因。调味搅拌的时间，入味的过程也很关键，原料如何入味也至关重要。

2. 高温杀菌及防腐保鲜

这是很关键的，一旦杀菌与防腐做不好生产出的大批量产品就会出现胀袋现象，如何很好地解决这一问题成为加工技术的核心技术。以合理地控制蘑菇调味食品的水分为前提，在杀菌方面，杀菌的时间和温度一定要准确，针对泡椒风味系列和野山椒风味系列采用巴氏杀菌即可。在防腐保鲜方面，采用脱氢醋酸钠和山梨酸钾进行防腐，目前市面上有的产品用的是山梨酸钾和苯甲酸钠，笔者不建议用苯甲酸钠，主张应用山梨酸钾和脱氢醋酸钠对蘑菇进行防腐处理。在清洗、保鲜、调味、杀菌及其生产环境、卫生消毒等采用食品级消毒剂对原料蘑菇进行处理，也是非常理想的。

三、休闲调味蘑菇生产配方

1. 休闲调味山椒味蘑菇配方（表3-280）

表3-280　休闲调味山椒味蘑菇配方

原料	生产配方/kg	原料	生产配方/kg
鲜蘑菇片或者脱盐蘑菇片	18.6	天然辣椒提取物	0.012
鸡肉液体香精香料	0.2	山梨酸钾	按照国家相关标准添加
野山椒	2.1	脱氢乙酸钠	按照国家相关标准添加
缓慢释放风味肉粉	0.1	复合酸味剂	0.1
谷氨酸钠	0.2	野山椒香味提取物	0.01
I+G	0.01		

产品特点：具有流行的山椒蘑菇香味和口感。

2. 休闲调味麻辣蘑菇配方1（表3-281）

表3-281　休闲调味麻辣蘑菇配方1

原料	生产配方/kg	原料	生产配方/kg
麻辣专用调味油	0.2	I+G	0.04
糊辣椒香味提取物	0.002	乙基麦芽酚	0.02
鲜蘑菇片或者脱盐蘑菇片	100	水溶辣椒提取物	0.3
谷氨酸钠	0.9	白砂糖	2.3
食盐	3.5	麻辣专用调味原料	0.02
缓慢释放风味肉粉	0.5	辣椒红色素	适量

续表

原料	生产配方/kg	原料	生产配方/kg
柠檬酸	0.2	山梨酸钾	按照国家相关标准添加
辣椒油	3.2		

产品特点：具有特色的麻辣风味口感和滋味。

3. 休闲调味麻辣蘑菇配方2（表3－282）

表3－282　休闲调味麻辣蘑菇配方2

原料	生产配方/kg	原料	生产配方/kg
湿蘑菇	10	油溶辣椒提取物	0.2
菌香味香精香料	0.01	增香剂	0.05
谷氨酸钠	0.3	山梨酸钾	按照国家相关标准添加
白砂糖	0.05	复合香辛料	0.02
剁泡辣椒	2	脱氢醋酸钠	按照国家相关标准添加
强化后味鸡肉粉状香精香料	0.002	80%食用乳酸	0.02
食用增脆剂	0.001		

产品特点：以上配方适用于调制鸡腿菇、金针菇、茶树菇、香菇、松茸、牛杆菌等麻辣风味的菌类复合调味休闲食品，也可以调制成麻辣、椒麻、椒香、山椒、泡椒、香辣等多个风味的麻辣菌类休闲食品。

4. 休闲调味牛肉蘑菇配方（表3－283）

表3－283　休闲调味牛肉蘑菇配方

原料	生产配方/kg	原料	生产配方/kg
食用油	9	辣椒香味提取物	0.05
牛肉丝	12	水溶辣椒提取物	0.14
鲜蘑菇片或者脱盐蘑菇片	69	缓慢释放风味肉粉	0.2

续表

原料	生产配方/kg	原料	生产配方/kg
辣椒	2.3	辣椒红色素150E	0.01
谷氨酸钠	5	麻辣风味天然香味物质	0.001
白砂糖	1	食盐	3

产品特点:该配方可以稍作修改生产为蘑菇鸡肉、小鸡炖蘑菇、排骨蘑菇、猪肉炖蘑菇等新风味系列休闲食品,经过高温杀菌即可成为理想的休闲食品。

5.休闲调味蘑菇鸡肉酱配方(表3-284)

表3-284 休闲调味蘑菇鸡肉酱配方

原料	生产配方/kg	原料	生产配方/kg
食用油	9	辣椒香味提取物	0.05
鸡肉酱	12	水溶辣椒提取物	0.14
鲜蘑菇酱或者脱盐蘑菇酱	69	缓慢释放风味肉粉	0.2
辣椒	2.3	辣椒红色素150E	0.01
谷氨酸钠	5	麻辣风味天然香味物质	0.001
白砂糖	1	食盐	3

产品特点:该配方可以稍作修改生产为蘑菇鸡肉、小鸡炖蘑菇、排骨蘑菇、猪肉炖蘑菇等新风味系列休闲蘑菇酱,经过高温杀菌即可成为理想的调味酱。

6.休闲调味香辣蘑菇鸡肉酱配方(表3-285)

表3-285 休闲调味香辣蘑菇鸡肉酱配方

原料	生产配方/kg	原料	生产配方/kg
食用油	9	白砂糖	1
香辣复合调味油	0.2	辣椒香味提取物	0.05
脱皮白芝麻	2	水溶辣椒提取物	0.14
鸡肉酱	12	缓慢释放风味肉粉	0.2

续表

原料	生产配方/kg	原料	生产配方/kg
鲜蘑菇酱或者脱盐蘑菇酱	69	辣椒红色素 150E	0.01
辣椒	2.3	麻辣风味天然香味物质	0.001
谷氨酸钠	5	食盐	3

产品特点:具有香辣风味特色。稍加修改即可做成烧烤、牛肉、排骨、原味等数十个口味的蘑菇酱产品。

目前已经进入即食菜、下饭菜、航空菜、休闲自热火锅、自热重庆小面、自热烧烤、自热麻辣烫、自热钵钵鸡、自热干锅等配套的消费新领域。

四、休闲调味蘑菇生产注意事项

可以调试出多种特色化蘑菇,如泡椒味、红油味、野山椒味、酸辣味等。增脆剂使用可以增加蘑菇片的成型度,还可以保持良好的嚼劲;高品质菌香精香料和蘑菇自身的鲜味是蘑菇休闲小食品的风味灵魂;总之,这一系列产品以新食源蘑菇为原料进行生产,具有很好的口碑和消费者的认知度,关键是如何将一个产品带动一个品牌,这至关重要,这也给菌类行业带来了很好的做大做强的机会。

五、休闲调味蘑菇及其衍生蘑菇系列风味研发

采用不同的调味料可以调试出多种特色化蘑菇,如麻辣味、烤肉味、牛肉味、辣子鸡味、泡椒味、红油味、野山椒味、酸辣味等。使用增脆剂可以增加蘑菇片的成型度,还可以保持良好的嚼劲;咸味香精香料和蘑菇自身的鲜味是蘑菇休闲小食品的风味灵魂。

1. 休闲调味羊肚菌调味配方(表 3-286)

表 3-286 休闲调味羊肚菌调味配方

原料	生产配方/kg	原料	生产配方/kg
盐淹羊肚菌	160	辣椒香味提取物	0.2
辣椒粉	20	乙基麦芽酚	0.005

续表

原料	生产配方/kg	原料	生产配方/kg
增鲜调味料	8	缓慢释放风味肉粉	1
大豆油	82	水溶辣椒提取物	0.2
花椒粉	0.1	复合氨基酸	0.1
白胡椒粉	0.4	麻辣专用调味料	0.2
甜味剂	0.1	水解植物蛋白粉	0.5

产品特点：以上配方稍作调整即可生产数十个风味的新产品，也是未来产业化发展的必然。

2. 休闲调味泡椒鸡腿菇配方(表3-287)

表3-287　休闲调味泡椒鸡腿菇配方

原料	生产配方/kg	原料	生产配方/kg
增鲜调味料	0.3	鸡腿菇	10
白砂糖	0.05	菌类增香原料	0.01
泡辣椒	2	品质改良剂	按照国家相关标准添加
缓慢释放风味肉粉	0.005	口感调节剂	按照国家相关标准添加
天然浓缩增鲜调味料	0.001	山梨酸钾	按照国家相关标准添加
野山椒提取物	0.0005	脱氢醋酸钠	按照国家相关标准添加

产品特点：该配方仍适用于金针菇、茶树菇、香菇、松茸、牛杆菌、蘑菇等多种菌类休闲化调味生产。

3. 休闲调味香辣鸡腿菇配方(表3-288)

表3-288　休闲调味香辣鸡腿菇配方

原料	生产配方/kg	原料	生产配方/kg
辣椒红色素	适量	I+G	0.1

续表

原料	生产配方/kg	原料	生产配方/kg
口感调节剂	按照国家相关标准添加	谷氨酸钠	2
山梨酸钾	按照国家相关标准添加	泡辣椒	250
脱氢醋酸钠	按照国家相关标准添加	煮熟的鸡腿菇	150
品质改良剂	0.3	食用油	12
缓慢释放风味肉粉	2	香辣调味油	3
增鲜调味料	0.2		

产品特点：该香辣风味配方仍然适用于金针菇、相思菌、鸡枞菌、茶树菇、香菇、松茸、牛杆菌、蘑菇等多种菌类休闲化调味生产。

4. 休闲调味香辣茶树菇配方（表3-289）

表3-289　休闲调味香辣茶树菇配方

原料	生产配方/kg	原料	生产配方/kg
辣椒红色素	适量	I+G	0.1
口感调节剂	按照国家相关标准添加	谷氨酸钠	2
山梨酸钾	按照国家相关标准添加	泡辣椒	250
脱氢醋酸钠	按照国家相关标准添加	煮熟的茶树菇	150
品质改良剂	0.3	食用油	12
缓慢释放风味肉粉	2	香辣调味油	3
增鲜调味料	0.2		

产品特点：香辣风味独特。

创新自热火锅、自热重庆小面、自热烧烤、自热钵钵鸡等均可带来消费的新需求，也可以作为餐饮连锁的配菜选择，均会获得更多消费接纳。

第二十二节 休闲调味核桃花

一、休闲调味核桃花生产工艺流程

核桃花→清理→切细→炒制或者熟制→调味→包装→高温杀菌→检验→喷码→检查→装箱→封箱→加盖生产合格证→入库

二、休闲调味核桃花生产技术要点

1. 核桃花清理

将核桃花清洗干净，可以是将核桃花晾干备用，或者是直接保鲜备用，清理的主要目的是去除异物，可以直接食用或者工业化加工。

2. 切细

切细以便更好地调味，让味道充分融合到核桃花之中。

3. 炒制或者熟制

采用炒制或者煮熟，再对其进行调味。

4. 调味

将调味原料和核桃花充分混合均匀，让核桃花充分吸收调味原料。

5. 包装

采用抽真空包装的袋装或者玻璃瓶装的瓶装。

6. 高温杀菌

采用水浴杀菌，建议 90℃，15min。

三、休闲调味核桃花生产配方

1. 休闲调味麻辣核桃花配方（表 3－290）

表 3－290 休闲调味麻辣核桃花配方

原料	生产配方/kg	原料	生产配方/kg
核桃花	100	辣椒油	3. 2

续表

原料	生产配方/kg	原料	生产配方/kg
鲜花椒香味提取物	0.002	I+G	0.04
强化香味天然香辛料	0.05	乙基麦芽酚	0.02
麻辣专用调味油	0.2	水溶辣椒提取物	0.3
谷氨酸钠	0.9	白砂糖	2.3
食盐	3.5	麻辣专用调味原料	0.02
缓慢释放风味肉粉	0.5	辣椒红色素	适量
柠檬酸	0.2	山梨酸钾	按照国家相关标准添加

产品特点:具有麻辣口感和滋味。

2. 休闲调味香辣核桃花配方(表3-291)

表3-291 休闲调味香辣核桃花配方

原料	生产配方/kg	原料	生产配方/kg
浓缩增鲜调味料	0.02	柠檬酸	0.2
脱皮白芝麻	5	辣椒油	1.1
核桃花	100	I+G	0.04
辣椒香味提取物	0.002	乙基麦芽酚	0.02
强化香味天然香辛料	0.05	水溶辣椒提取物	0.3
香辣专用调味油	0.1	白砂糖	2.3
谷氨酸钠	0.9	麻辣专用调味原料	0.02
食盐	3.5	辣椒红色素	适量
缓慢释放风味肉粉	0.5	山梨酸钾	按照国家相关标准添加

产品特点:具有香辣风味特征。

3. 休闲调味经典香辣核桃花配方（表3-292）

表3-292　休闲调味经典香辣核桃花配方

原料	生产配方/kg	原料	生产配方/kg
食用油	9	白砂糖	1
香辣专用调味油	0.2	辣椒香味提取物	0.05
脱皮白芝麻	2	水溶辣椒提取物	0.14
辣椒清香提取物	0.05	缓慢释放风味肉粉	0.2
核桃花	82	辣椒红色素150E	0.01
辣椒	2.3	麻辣风味天然香味物质	0.001
谷氨酸钠	5	食盐	3

产品特点：该配方可以衍生成为牛肉、鸡肉、五香、酱香、烧烤等数十个口味的休闲核桃花产品，对这个行业的发展起到一定作用。可以作为养生菜、高档菜、野菜等即食，创新消费需求，也可以作为自热火锅等创新自热食品口感。

第二十三节　休闲调味牛肝菌

香辣味的牛肝菌主要体现在于入味，没有入味的牛肝菌不会有很好的未来，这也是多家产品在市场上不畅销的原因。

一、休闲调味牛肝菌生产工艺流程

牛肚菌→清理→切片或丝→炒制或者熟制→调味→包装→高温杀菌→检验→喷码→检查→装箱→封箱→加盖生产合格证→入库

二、休闲调味牛杆菌生产技术要点

1. 牛肚菌清理

清除牛肝菌上的异物，采用干制牛肝菌或者鲜牛肝菌脱水，或者是盐腌牛肝菌脱盐后使用。

2. 切片或丝

将牛肝菌切成片或者丝,以便于工业化加工。

3. 炒制或者熟制

采用炒制或者煮熟到直接可以食用为止。

4. 调味

将调味料与牛肝菌充分混合使牛肝菌吸收所有的调味原料,让味道渗透到牛肝菌之中。

5. 包装

休闲化小吃采用抽真空袋装,也可以采用瓶装,还可以采用拉伸膜包装机自动包装,大大降低人力成本。

6. 高温杀菌

采用不添加防腐剂115℃杀菌12min较好。

三、休闲调味牛肝菌生产配方

1. 休闲调味麻辣牛肝菌配方(表3-293)

表3-293 休闲调味麻辣牛肝菌配方

原料	生产配方/kg	原料	生产配方/kg
食用油	16	白砂糖	1
麻辣专用调味油	0.2	辣椒香味提取物	0.05
鲜花椒提取物	0.2	水溶辣椒提取物	0.14
辣椒清香提取物	0.05	缓慢释放风味肉粉	0.2
牛肝菌	81	辣椒红色素150E	0.01
辣椒	2.5	麻辣风味天然香味物质	0.001
谷氨酸钠	4.6	食盐	3

产品特点:辣椒需要特殊处理之后使用,辣椒失去辣味可以直接吃而不辣,避免牛肝菌具有老木渣一样不入味的特点,缓慢释放风味技术的作用比较明显。

2. 休闲调味香辣牛肝菌配方(表3-294)

表3-294 休闲调味香辣牛肝菌配方

原料	生产配方/kg	原料	生产配方/kg
食用油	15	辣椒香味提取物	0.05
香辣专用调味油	0.2	水溶辣椒提取物	0.14
脱皮白芝麻	2.2	缓慢释放风味肉粉	0.2
辣椒清香提取物	0.05	辣椒红色素150E	0.01
牛肝菌	77	麻辣风味天然香味物质	0.001
辣椒	2.3	食盐	3
谷氨酸钠	5	香辣风味强化香辛料	0.05
白砂糖	1		

产品特点:香辣特征较强。

3. 休闲调味烧烤牛肝菌配方(表3-295)

表3-295 休闲调味烧烤牛肝菌配方

原料	生产配方/kg	原料	生产配方/kg
食用油	13	白砂糖	1
烧烤专用调味油	0.2	辣椒香味提取物	0.05
脱皮白芝麻	2	水溶辣椒提取物	0.14
烤香孜然提取物	0.05	缓慢释放风味肉粉	0.2
核桃花	88	辣椒红色素150E	0.01
辣椒	2.7	麻辣风味天然香味物质	0.001
谷氨酸钠	5	食盐	3

产品特点:具有烧烤香味。

4. 休闲调味糊辣椒香牛肝菌配方(表 3-296)

表 3-296 休闲调味糊辣椒香牛肝菌配方

原料	生产配方/kg	原料	生产配方/kg
食用油	19	白砂糖	1
香辣专用调味油	0.2	辣椒香味提取物	0.05
脱皮白芝麻	2	水溶辣椒提取物	0.14
糊辣椒香味提取物	0.05	缓慢释放风味肉粉	0.2
牛肝菌	86	辣椒红色素 150E	0.01
糊辣椒	5.3	麻辣风味天然香味物质	0.001
谷氨酸钠	5	食盐	3

产品特点:具有独特糊辣椒香味。稍加改进即可生产数十个牛肝菌休闲化产品,满足消费者的需求。

四、休闲调味牛肝菌生产注意事项

牛肝菌产品因为组织的特殊性,很多市场上的同类产品不入味、口感较差,没有有效的调味原料使用,这也是牛肝菌在市场上销售一般的原因之一。而缓慢释放风味技术的应用可以大大改观市场上牛肝菌产品品质现状。自热烧烤、自热火锅等食品使用效果较好,也可以作为即食菜渗透到餐饮的各个领域。

第二十四节 休闲调味刺耳芽

一、休闲调味刺耳芽生产工艺流程

刺耳芽→清理→切细→炒制或者熟制→调味→包装→高温杀菌→检验→喷码→检查→装箱→封箱→加盖生产合格证→入库

二、休闲调味刺耳芽生产技术要点

1. 刺耳芽清理

将刺耳芽不能食用的部分去掉,便于进行加工。

2. 切细

可以切成丝状或者细末,便于调味食用。

3. 炒制或者熟制

进行炒制或者煮熟之后备用。

4. 调味

按照配方比例混合均匀即可让刺耳芽充分吸收调味料成分。

5. 包装

采用真空包装或者瓶装,也可以是散装消费。

6. 高温杀菌

采用水浴杀菌,建议使用90℃,10min。

三、休闲调味刺耳芽生产配方

1. 休闲调味山椒味刺耳芽配方(表3－297)

表3－297　休闲调味山椒味刺耳芽配方

原料	生产配方/kg	原料	生产配方/kg
刺耳芽	20	天然辣椒提取物	0.012
鸡肉液体香精香料	0.2	山梨酸钾	按照国家相关标准添加
野山椒	2.6	脱氢乙酸钠	按照国家相关标准添加
缓慢释放风味肉粉	0.1	复合酸味剂	0.1
谷氨酸钠	0.2	野山椒香味提取物	0.01
I+G	0.01		

产品特点:具有山椒风味。

2. 休闲调味糊辣椒味刺耳芽配方(表3-298)

表3-298 休闲调味糊辣椒味刺耳芽配方

原料	生产配方/kg	原料	生产配方/kg
刺耳芽	19	天然辣椒提取物	0.012
糊辣椒	1.8	复合酸味剂	0.1
糊辣椒液体香精香料	0.2	糊辣椒香味提取物	0.01
野山椒泥	2	辣椒香精	0.002
缓慢释放风味肉粉	0.1	辣椒红色素	适量
谷氨酸钠	0.2	山梨酸钾	按照国家相关标准添加
I+G	0.01	品质改良剂	按照国家相关标准添加

产品特点:具有糊辣椒香味特征和口感。

3. 休闲调味麻辣味刺耳芽配方(表3-299)

表3-299 休闲调味麻辣味刺耳芽配方

原料	生产配方/kg	原料	生产配方/kg
食用油	6	白砂糖	1
麻辣专用调味油	0.2	辣椒香味提取物	0.05
鲜青花椒提取物	0.1	水溶辣椒提取物	0.14
辣椒香味提取物	0.05	缓慢释放风味肉粉	0.2
刺耳芽	86	辣椒红色素150E	0.01
辣椒	2.3	风味强化天然香味物质	0.001
谷氨酸钠	5	食盐	3

产品特点:具有麻辣风味特征,尤其是刺耳芽的口感发生变化。

4. 休闲调味香辣味刺耳芽配方（表 3-300）

表 3-300　休闲调味香辣味刺耳芽配方

原料	生产配方/kg	原料	生产配方/kg
食用油	6	白砂糖	1
香辣专用调味油	0.2	辣椒香味提取物	0.05
花椒提取物	0.1	水溶辣椒提取物	0.14
辣椒香味提取物	0.05	缓慢释放风味肉粉	0.2
刺耳芽	86	辣椒红色素 150E	0.01
辣椒	2.3	食盐	3
谷氨酸钠	5		

根据这一配方可以稍作修改得到香辣、清香、牛肉、鸡肉、烧烤等数十个配方产品。即食山野菜，这是高品质养生小菜，餐饮即食方便菜饭，自热米粉、自热小吃等创新配菜之一。

第二十五节　休闲调味香椿芽

香椿芽的休闲化就是稀有菜肴休闲化的体现，香辣特征备受关注。

一、休闲调味香椿芽生产工艺流程

香椿→清理→保鲜或者不保鲜→切细→炒制或者熟制→调味→包装→高温杀菌→检验→喷码→检查→装箱→封箱→加盖生产合格证→入库

二、休闲调味香椿芽生产技术要点

1. 香椿清理

采集的香椿原料需要经过不断修整才能成为食用的部分，这与生活习惯有很大的关系。南方通常只食用春天的椿芽，而北方很多地方常年均可食用，这样对椿芽的加工区别就很大了。

2. 保鲜

采用现有的保鲜技术处理成批的椿芽备用。

3. 切细

将香椿切细以便更好地食用和调味,根据常规食用习惯切成大小一致的香椿段。

4. 炒制或者熟制

炒制或者熟制到香椿可以直接食用为止,同时便于更好地调味。

5. 调味

将调味原料与熟制后的香椿混合均匀,让香椿充分吸收调味原料,达到调味的目的。

6. 包装

采用真空包装的袋装或者玻璃瓶装。

7. 高温杀菌

采用蔬菜使用的巴氏杀菌即可,尽可能采用90℃杀菌12min作参考。

三、休闲调味香椿芽生产配方

1. 休闲调味香辣香椿配方1(表3-301)

表3-301 休闲调味香辣香椿配方1

原料	生产配方/kg	原料	生产配方/kg
食用油	6.1	白砂糖	1.2
香辣专用调味油	0.2	辣椒香味提取物	0.05
花椒提取物	0.1	水溶辣椒提取物	0.16
辣椒香味提取物	0.05	缓慢释放风味肉粉	0.2
香椿芽	82	辣椒红色素150E	0.01
辣椒	2.3	食盐	3.4
谷氨酸钠	5.3		

产品特点:具有香辣风味的香椿小菜特点,便于多种食用方法和食用享受。

2. 休闲调味香辣香椿配方 2(表 3－302)

表 3－302　休闲调味香辣香椿配方 2

原料	生产配方/kg	原料	生产配方/kg
天然辣味香辛料	0.2	缓慢释放风味肉粉	0.5
黑胡椒粉	0.2	柠檬酸	0.2
浓缩增鲜调味料	0.02	辣椒油	3.5
脱皮白芝麻	2.3	I+G	0.04
香椿芽	100	乙基麦芽酚	0.02
辣椒香味提取物	0.002	水溶辣椒提取物	0.3
强化香味天然香辛料	0.05	白砂糖	2.3
香辣专用调味油	0.1	麻辣专用调味原料	0.02
谷氨酸钠	0.9	辣椒红色素	适量
食盐	3.5	山梨酸钾	按照国家相关标准添加

产品特点：具有独特的辣味口感和延长的风味，这是区别于其他香椿芽产品的地方。

3. 休闲调味麻辣香椿配方 1(表 3－303)

表 3－303　休闲调味麻辣香椿配方 1

原料	生产配方/kg	原料	生产配方/kg
食用油	12	白砂糖	1.2
麻辣专用调味油	0.4	辣椒香味提取物	0.05
花椒提取物	0.1	水溶辣椒提取物	0.11
辣椒香味提取物	0.04	缓慢释放风味肉粉	0.3
香椿芽	87	辣椒红色素 150E	0.01
辣椒	2.3	食盐	3.1
谷氨酸钠	5.6		

产品特点：具有麻辣风味特点和滋味。

4. 休闲调味麻辣香椿配方 2(表 3-304)

表 3-304 休闲调味麻辣香椿配方 2

原料	生产配方/kg	原料	生产配方/kg
麻辣香味提取物	0.02	柠檬酸	0.2
脱皮白芝麻	4.2	辣椒油	4.5
香椿芽	100	I+G	0.04
辣椒香味提取物	0.002	乙基麦芽酚	0.02
强化香味天然香辛料	0.05	水溶辣椒提取物	0.4
麻辣专用调味油	0.1	白砂糖	2.3
谷氨酸钠	0.9	麻辣专用调味原料	0.02
食盐	3.5	辣椒红色素	适量
缓慢释放风味肉粉	0.5	山梨酸钾	按照国家相关标准添加

产品特点:麻辣特征明显,尤其是麻麻辣辣的口感。

5. 休闲调味原味香椿配方(表 3-305)

表 3-305 休闲调味原味香椿配方

原料	生产配方/kg	原料	生产配方/kg
食用油	3.5	白砂糖	1.6
麻辣专用调味油	0.1	辣椒香味提取物	0.01
花椒提取物	0.02	水溶辣椒提取物	0.005
香椿香味提取物	0.04	缓慢释放风味肉粉	0.11
香椿芽	80	辣椒红色素 150E	0.0023
辣椒	0.3	食盐	3.3
谷氨酸钠	4.2		

产品特点:具有本质香椿风味和口感,稍加改变即可得到多种流行风味。

高品质即食小菜,创新消费的吃法,对饭菜均有明显的口味改善作用,这是未来的消费新享受。

四、休闲调味香椿芽生产注意事项

目前市场上已有部分香椿芽系列产品,有些添加系列肉类的瓶装产品销路受限,建议采用菜品方式推向市场,消费者认可后再大批量推广,这样有利于这个产业的快速发展。对于市场上大多数认为香椿芽季节性强的问题是极其简单的问题,目前市场上应用的保鲜技术出类拔萃,解决香椿芽的储存没有任何困难,主要是解决销路之后的工业化生产问题。

第二十六节　休闲调味杏鲍菇

杏鲍菇香辣休闲化比山椒风味优势明显,如何入味是当前市场上的产品面临的问题。

一、休闲调味杏鲍菇生产工艺流程

杏鲍菇→清理→保鲜→切分→熟制→调味→包装→高温杀菌→检验→喷码→检查→装箱→封箱→加盖生产合格证→入库

二、休闲调味杏鲍菇生产技术要点

1. 杏鲍菇清理

将杏鲍菇清理干净,采用人工清理即可。

2. 保鲜

采用现有的保鲜技术进行保鲜,也可以直接使用新鲜的杏鲍菇来加工。

3. 切分

切分可以是切成片或者丝,便于食用和调味。

4. 熟制

采用炒制或者煮熟即可,达到让杏鲍菇可以直接食用的程度。

5. 调味

将所有调味原料与杏鲍菇充分混合均匀，让调味原料被杏鲍菇充分吸收。

6. 包装

使用真空包装，也可以采用瓶装，因为包装形式不一样，杀菌方式稍作调整。

7. 高温杀菌

通常采用水浴杀菌，建议采用95℃，12min作为参考。

三、休闲调味杏鲍菇生产配方

1. 休闲调味山椒味杏鲍菇配方（表3－306）

表3－306　休闲调味山椒味杏鲍菇配方

原料	生产配方/kg	原料	生产配方/kg
杏鲍菇片	17.6	天然辣椒提取物	0.012
鸡肉液体香精香料	0.1	山梨酸钾	按照国家相关标准添加
野山椒	2.5	脱氢乙酸钠	按照国家相关标准添加
缓慢释放风味肉粉	0.2	复合酸味剂	0.1
谷氨酸钠	0.2	野山椒香味提取物	0.01
I＋G	0.01		

产品特点：具有山椒风味。

2. 休闲调味糊辣椒味杏鲍菇配方（表3－307）

表3－307　休闲调味糊辣椒味杏鲍菇配方

原料	生产配方/kg	原料	生产配方/kg
杏鲍菇片	18.1	I＋G	0.01
糊辣椒液体香精香料	0.1	天然辣椒提取物	0.012

续表

原料	生产配方/kg	原料	生产配方/kg
辣椒红色素	0.05	山梨酸钾	按照国家相关标准添加
糊辣椒	2.1	脱氢乙酸钠	按照国家相关标准添加
野山椒泥	2.6	复合酸味剂	0.1
缓慢释放风味肉粉	0.2	糊辣椒香味提取物	0.01
谷氨酸钠	0.2		

产品特点:具有畅销糊辣椒风味和口感,是流行杏鲍菇创新口味之一。

3.休闲调味香辣味杏鲍菇配方(表3-308)

表3-308　休闲调味香辣味杏鲍菇配方

原料	生产配方/kg	原料	生产配方/kg
杏鲍菇片	100	辣椒油	2.5
辣椒香味提取物	0.002	I+G	0.04
强化香味天然香辛料	0.05	乙基麦芽酚	0.02
麻辣专用调味油	0.1	水溶辣椒提取物	0.4
谷氨酸钠	0.9	白砂糖	2.3
食盐	3.5	麻辣专用调味原料	0.02
缓慢释放风味肉粉	0.5	辣椒红色素	适量
柠檬酸	0.2	山梨酸钾	按照国家相关标准添加

产品特点:具有香辣特殊口感和滋味。

4.休闲调味麻辣味杏鲍菇配方(表3-309)

表3-309　休闲调味麻辣味杏鲍菇配方

原料	生产配方/kg	原料	生产配方/kg
食用油	5.2	白砂糖	1.3

续表

原料	生产配方/kg	原料	生产配方/kg
麻辣专用调味油	0.3	辣椒香味提取物	0.05
鲜花椒提取物	0.1	水溶辣椒提取物	0.2
辣椒香味提取物	0.04	缓慢释放风味肉粉	0.2
杏鲍菇片	80	辣椒红色素 150E	0.01
辣椒	2.5	食盐	3.3
谷氨酸钠	5		

产品特点:具有麻辣风味特征,麻辣适中,稍加改变即可得到数十个口味的杏鲍菇配方。

5. 休闲调味剁椒味杏鲍菇配方(表 3-310)

表 3-310 休闲调味剁椒味杏鲍菇配方

原料	生产配方/kg	原料	生产配方/kg
食用油	4.8	白砂糖	1.2
麻辣专用调味油	0.2	辣椒香味提取物	0.05
花椒提取物	0.1	水溶辣椒提取物	0.15
辣椒香味提取物	0.04	缓慢释放风味肉粉	0.4
杏鲍菇片	86	辣椒红色素 150E	0.01
剁辣椒	4.6	食盐	3.2
谷氨酸钠	5.1		

产品特点:具有剁椒风味。

四、休闲调味杏鲍菇生产注意事项

市场上的杏鲍菇系列产品很多,可是味道好的并不多,主要在于过度追求低廉的生产成本,而生产成本极低的情况下不可能生产出高品质的产品,唯一的办法就是做好产品批量化后依靠消费者认可来扩大生产规模降低生产成本,还有一些企业出现生产成本极高而销售价格极低的现象,这对于这个行业是一个浪费。休闲杏鲍菇非常适合作为自热烧烤、自热火锅、自热米饭、自热重庆小面、自热串串香、即食菜、卤菜等配套消费和享用,均可以收到很好的消费热评。

第二十七节　休闲调味青菜

香辣味青菜成为极少数产品的典范,也是最初香辣菜能够走向大江南北的关键。

一、休闲调味青菜生产工艺流程

青菜→清理→脱水→腌制→切细→炒制或者不炒制→调味→包装→高温杀菌→检验→喷码→检查→装箱→封箱→加盖生产合格证→入库

二、休闲调味青菜生产技术要点

1. 青菜清理

将青菜清理之后便于食用和规范化加工。

2. 脱水

脱掉青菜之中多余的水分,便于更加科学的规范化生产制作,也可采用比较传统的方法脱水,但是要注意脱水的环境条件,卫生是关键。

3. 腌制

腌制是为了让青菜熟化,一种是腌制之后直接添加调味料即可食用,这是比较新的吃法和解决农产品上市比较集中造成严重浪费的办法,腌制是以食盐为主要保鲜手段。再有就是将腌制后的青菜炒制成为休闲调味小菜。这两者的区别在于口感和滋味均不一样。

4. 切细

可以将腌制后的青菜切成丝。也可以是先切丝再腌制,也可以是先腌制再切丝。

5. 炒制

炒熟便于更加均匀地调味,也可以不炒熟直接添加调味料。

6. 调味

将调味原料与青菜丝混合均匀,让青菜丝充分吸收调味原料而具有丰富的味道。

7. 包装

采用真空包装成为休闲小菜。

8. 高温杀菌

采用水浴杀菌,建议采用90℃杀菌10min后直接冷却,口感比较好一些。

三、休闲调味青菜生产配方

1. 休闲调味香辣青菜丝配方1(表3-311)

表3-311 休闲调味香辣青菜丝配方1

原料	生产配方/kg	原料	生产配方/kg
青菜丝	100	I+G	0.045
辣椒香味提取物	0.005	乙基麦芽酚	0.02
强化香味天然香辛料	0.06	水溶辣椒提取物	0.2
麻辣专用调味油	0.2	白砂糖	2.2
谷氨酸钠	0.9	麻辣专用调味原料	0.02
缓慢释放风味肉粉	0.3	辣椒红色素	适量
柠檬酸	0.2	山梨酸钾	按照国家相关标准添加
辣椒油	2.6		

产品特点:具有香辣风味特征。

2. 休闲调味香辣青菜丝配方2(表3-312)

表3-312 休闲调味香辣青菜丝配方2

原料	生产配方/kg	原料	生产配方/kg
食用油	10	谷氨酸钠	5

续表

原料	生产配方/kg	原料	生产配方/kg
香辣专用调味油	0.3	白砂糖	1.3
鲜花椒提取物	0.1	辣椒香味提取物	0.05
辣椒香味提取物	0.04	水溶辣椒提取物	0.2
青菜丝	83	缓慢释放风味肉粉	0.2
辣椒	2.5	辣椒红色素 150E	0.01

产品特点：具有香辣特征风味。

3. 休闲调味麻辣青菜丝配方 1(表 3－313)

表 3－313　休闲调味麻辣青菜丝配方 1

原料	生产配方/kg	原料	生产配方/kg
青菜丝	100	I＋G	0.045
辣椒香味提取物	0.008	乙基麦芽酚	0.02
强化香味天然香辛料	0.07	水溶辣椒提取物	0.4
麻辣专用调味油	0.6	白砂糖	2.7
谷氨酸钠	0.9	麻辣专用调味原料	0.02
缓慢释放风味肉粉	0.3	辣椒红色素	适量
柠檬酸	0.2	山梨酸钾	按照国家相关标准添加
辣椒油	3.2		

产品特点：具有麻辣特点。

4. 休闲调味麻辣青菜丝配方 2(表 3－314)

表 3－314　休闲调味麻辣青菜丝配方 2

原料	生产配方/kg	原料	生产配方/kg
食用油	11	谷氨酸钠	5
麻辣专用调味油	0.3	白砂糖	1.3

续表

原料	生产配方/kg	原料	生产配方/kg
鲜花椒提取物	0.1	辣椒香味提取物	0.05
辣椒香味提取物	0.04	水溶辣椒提取物	0.2
青菜丝	81	缓慢释放风味肉粉	0.2
辣椒	2.5	辣椒红色素 150E	0.01

产品特点:具有麻辣风味。

5.休闲调味烧烤青菜丝配方(表3-315)

表3-315　休闲调味烧烤青菜丝配方

原料	生产配方/kg	原料	生产配方/kg
烤香香辛料提取物	0.1	辣椒	2.5
食用油	10	谷氨酸钠	5
香辣专用调味油	0.3	白砂糖	1.3
鲜花椒提取物	0.1	水溶辣椒提取物	0.2
辣椒香味提取物	0.02	缓慢释放风味肉粉	0.2
青菜丝	83	辣椒红色素 150E	0.01

产品特点:具有烧烤风味。

6.休闲调味糊辣椒青菜丝配方(表3-316)

表3-316　休闲调味糊辣椒青菜丝配方

原料	生产配方/kg	原料	生产配方/kg
糊辣椒	2	辣椒	2.5
食用油	10	谷氨酸钠	5
香辣专用调味油	0.3	白砂糖	1.3
鲜花椒提取物	0.1	水溶辣椒提取物	0.2
糊辣椒香味提取物	0.04	缓慢释放风味肉粉	0.2
青菜丝	83	辣椒红色素 150E	0.01

产品特点:具有糊辣椒香味和口感。

7. 休闲干制蔬菜调味牛肉香味调味料配方(表3-317)

表3-317 休闲干制蔬菜调味牛肉香味调味料配方

原料	生产配方/kg	原料	生产配方/kg
食盐	25	椒香液体香精香料	2.5
增鲜复合调味料	27	热反应鸡肉粉	5
60目辣椒粉	27	甜味剂	0.2
60目黑胡椒粉	27	洋葱粉	5

产品特点:具有牛肉香味和口感。

8. 休闲干制蔬菜调味烤肉味调味料配方(表3-318)

表3-318 休闲干制蔬菜调味烤肉味调味料配方

原料	生产配方/kg	原料	生产配方/kg
食盐	45	热反应鸡肉粉	7.5
增鲜复合调味料	20	甜味剂	1
60目辣椒粉	30	葱白粉	7.5
强化后味肉粉	1.5	烤肉味液体香精香料	0.015
孜然烤肉液体香精香料	0.05		

产品特点:具有孜然烤肉味香味特征,香味突出。

9. 休闲干制蔬菜调味香辣味调味料配方(表3-319)

表3-319 休闲干制蔬菜调味香辣味调味料配方

原料	生产配方/kg	原料	生产配方/kg
食盐	45	热反应鸡肉粉	8
增鲜复合调味料	21	甜味剂	1
60目辣椒粉	40	强化后味肉粉	3
60目花椒粉	21	烤牛肉液体香精香料	0.2
清香花椒液体香精香料	0.2		

产品特点:香辣风味突出持久。

四、休闲调味青菜生产注意事项

青菜丝系列产业化还需要不断创新新吃法,将丰产季节的农产品增值才是根本之举,也是解决农业产业化的必然。合理应用青菜的保鲜技术才能产生很好的价值,才能得到消费者的认可。将其创新作为自热食品和即食菜,带来新的消费需求。

第二十八节　休闲调味黄瓜

一、休闲调味黄瓜生产工艺流程

黄瓜→清理→腌制→切分→炒制或者不炒制→调味→包装→高温杀菌→检验→喷码→检查→装箱→封箱→加盖生产合格证→入库

二、休闲调味黄瓜生产技术要点

1. 黄瓜清理

清理黄瓜是为了更好地加工,去除黄瓜两端不能食用的部分。

2. 腌制

采用传统的盐腌方式,便于长时间存放。也可以将黄瓜晾至半干脱掉部分水分再进行腌制。

3. 切分

将腌制后的黄瓜切成丝或者条或者丁状。

4. 炒制

炒制或者不需要炒制均可以调味。

5. 调味

将调味原料与黄瓜混合均匀即可实现调味原料渗透到黄瓜之中。

6. 包装

采用瓶装或者袋装,也可以散装销售。

7. 高温杀菌

采用巴氏水浴杀菌 90℃,9min,注意控制杀菌之后的黄瓜的成形和脆度。杀菌之后立即冷却效果较好。

三、休闲调味黄瓜生产配方

1. 休闲调味香辣黄瓜配方（表 3－320）

表 3－320　休闲调味香辣黄瓜配方

原料	生产配方/kg	原料	生产配方/kg
食用油	2.5	谷氨酸钠	5
香辣专用调味油	0.3	白砂糖	1.3
鲜花椒提取物	0.1	水溶辣椒提取物	0.2
辣椒香味提取物	0.04	缓慢释放风味肉粉	0.2
黄瓜	79	辣椒红色素 150E	0.01
辣椒	2.5		

产品特点：具有香辣风味特征和口感。

2. 休闲调味麻辣黄瓜配方（表 3－321）

表 3－321　休闲调味麻辣黄瓜配方

原料	生产配方/kg	原料	生产配方/kg
食用油	1.3	谷氨酸钠	5
麻辣专用调味油	0.3	白砂糖	1.3
鲜花椒提取物	0.4	水溶辣椒提取物	0.2
辣椒香味提取物	0.04	缓慢释放风味肉粉	0.2
黄瓜	82	辣椒红色素 150E	0.01
辣椒	2.5		

产品特点：具有麻辣特殊风味和口感。

3. 休闲调味地道麻辣黄瓜配方（表 3－322）

表 3－322　休闲调味地道麻辣黄瓜配方

原料	生产配方/kg	原料	生产配方/kg
黄瓜	1000	乙基麦芽酚	0.2

续表

原料	生产配方/kg	原料	生产配方/kg
食盐	15	增香剂	0.02
谷氨酸钠	9	I+G	0.05
缓慢释放风味肉粉	5	复合氨基酸	0.5
柠檬酸	0.5	品质改良剂	0.005
辣椒提取物	1.5	口感调节剂	0.005
黑胡椒粉	1.5	辣椒香精	0.0006
辣椒油	200	山梨酸钾	0.05
水溶辣椒提取物	3	白糖	2.1
水解植物蛋白粉	0.05	青花椒提取物	2

产品特点:麻辣风味突出,适合西南地区麻辣习惯消费群体,是流行的麻辣风味典范 。

4. 休闲调味剁椒黄瓜配方(表3-323)

表3-323 休闲调味剁椒黄瓜配方

原料	生产配方/kg	原料	生产配方/kg
黄瓜	1000	乙基麦芽酚	0.2
食盐	15	增香剂	0.02
谷氨酸钠	9	I+G	0.05
缓慢释放风味肉粉	5	复合氨基酸	0.5
柠檬酸	0.5	品质改良剂	0.005
辣椒提取物	1.5	口感调节剂	0.005
黑胡椒粉	1.5	辣椒香精	0.0006
剁椒	200	山梨酸钾	0.05
水溶辣椒提取物	3	白糖	2.1
水解植物蛋白粉	0.05	青花椒提取物	2

产品特点：剁椒风味突出，适合西南地区麻辣习惯消费群体，是流行的麻辣风味典范 。稍加改变即可得到数十个口味和滋味的黄瓜产品。作为即食菜、下饭菜、早餐菜口感独特，记忆性强，完全可以作为自热烧烤、自热火锅、自热钵钵鸡、自热重庆小面配套改善口感、升级品质。

第二十九节　休闲调味辣椒食品

一、休闲调味辣椒食品生产工艺流程

1. 休闲调味辣椒酥生产工艺

红色菜辣椒→切块→裹粉→油炸→调味→包装→成品→检验→喷码→检查→装箱→封箱→加盖生产合格证→入库

2. 休闲调味辣椒丝生产工艺

辣椒→清理→腌制或者不腌制→切丝→炒制或者不炒制→调味→包装→高温杀菌→检验→喷码→检查→装箱→封箱→加盖生产合格证→入库

二、休闲调味辣椒食品生产技术要点

1. 选料

红色菜辣椒，只有辣椒的形状，没有辣椒的辣味，非常适合生产休闲小吃，目前市场上很多这样的辣椒酥制品均是由这一辣椒原料加工而成。休闲辣椒丝产品主要选择新疆椒，也就是不辣的辣椒做成休闲小吃，可以直接吃也可以在拌面中使用。

2. 辣椒清理

清理辣椒上面不能食用部分。

3. 腌制

采用食盐腌制后脱盐进行加工，也可以采用干制辣椒发水进行加工，还可以采用新鲜辣椒晾至半干进行加工。

4. 切丝、切块

将辣椒切成块状，以便于裹上面粉、糯米粉、芝麻、糖浆、食盐、麦芽糊精等，使其成为体积更大一些的形状。休闲辣椒丝需要将辣椒切成丝状。

5. 裹粉

将切成块状的辣椒裹上面粉、糯米粉、芝麻、糖浆、食盐、麦芽糊精等。

6. 油炸、炒制

将裹粉的辣椒块再放入热油之中进行油炸，炸熟即可。炒制则是辣椒丝进锅炒熟，也可以不炒熟直接调味。

7. 调味

这是辣椒酥味道好坏的关键，主要采用香辣味复合调味料进行调味，在油炸好的辣椒酥上面撒上复合调味料、烤香花生仁，即成为如今畅销的辣椒酥产品。辣椒丝产品主要是利用调味原料与辣椒丝充分混合。

8. 包装

包装根据需要进行，休闲辣椒酥采用常规包装。而休闲辣椒丝可以采用抽真空包装袋装，也可以采用瓶装。

9. 高温杀菌

对休闲辣椒丝进行杀菌，建议采用90℃杀菌12min。

三、休闲调味辣椒食品生产配方

1. 休闲调味香辣辣椒丝配方1（表3－324）

表3－324　休闲调味香辣辣椒丝配方1

原料	生产配方/kg	原料	生产配方/kg
辣椒丝	19.3	I＋G	0.01
鸡肉液体香精香料	0.1	天然辣椒提取物	0.012
麻辣专用调味油	0.2	山梨酸钾	按照国家相关标准添加

续表

原料	生产配方/kg	原料	生产配方/kg
野山椒泥	2.8	脱氢乙酸钠	按照国家相关标准添加
缓慢释放风味肉粉	0.2	复合酸味剂	0.1
谷氨酸钠	0.2	牛肉香味提取物	0.01

产品特点:具有香辣特殊口感和滋味。

2. 休闲调味香辣辣椒丝配方2(表3-325)

表3-325　休闲调味香辣辣椒丝配方2

原料	生产配方/kg	原料	生产配方/kg
辣椒丝	100	I+G	0.045
辣椒香味提取物	0.008	乙基麦芽酚	0.02
强化香味天然香辛料	0.07	水溶辣椒提取物	0.4
麻辣专用调味油	0.6	白砂糖	2.7
谷氨酸钠	0.9	麻辣专用调味原料	0.02
缓慢释放风味肉粉	0.3	山梨酸钾	按照国家相关标准添加
柠檬酸	0.2		

产品特点:具有独特香辣口感。

3. 休闲调味麻辣辣椒丝配方(表3-326)

表3-326　休闲调味麻辣辣椒丝配方

原料	生产配方/kg	原料	生产配方/kg
食用油	1.3	谷氨酸钠	5
风味调节剂	0.02	白砂糖	1.3
麻辣专用调味油	0.3	水溶辣椒提取物	0.2
鲜花椒提取物	0.4	缓慢释放风味肉粉	0.2

续表

原料	生产配方/kg	原料	生产配方/kg
辣椒香味提取物	0.04	山梨酸钾	按照国家相关标准添加
辣椒丝	82		

产品特点:具有麻辣特殊口感和滋味。

4. 休闲调味糊麻辣辣椒丝配方(表3-327)

表3-327　休闲调味糊麻辣辣椒丝配方

原料	生产配方/kg	原料	生产配方/kg
食用油	1.3	谷氨酸钠	5
糊辣椒香味提取物	0.02	白砂糖	1.3
麻辣专用调味油	0.3	水溶辣椒提取物	0.2
鲜花椒提取物	0.4	缓慢释放风味肉粉	0.2
辣椒香味提取物	0.04	山梨酸钾	按照国家相关标准添加
辣椒丝	82	品质改良剂	按照国家相关标准添加

产品特点:具有糊辣椒香味,稍加改变即可得到数十个口味的休闲辣椒丝产品。

5. 休闲调味麻辣辣椒酥调味料配方(表3-328)

表3-328　休闲调味麻辣辣椒酥调味料配方

原料	生产配方/kg	原料	生产配方/kg
朝天椒辣椒粉	8.2	热反应牛肉粉状香精香料	3.2
青花椒粉	2.5	酱香烤牛肉液体香精香料	0.1
增香剂	0.2	清香型青花椒油树脂	0.1
食盐	8.7	强化后味鸡肉粉状香精香料	0.12

续表

原料	生产配方/kg	原料	生产配方/kg
味精	2.5	热反应鸡肉粉状香精香料	2.2
I+G	0.006	葱白粉	1.9
甜味剂	0.2	增香粉状香精香料	0.04

产品特点:具有麻辣辣椒的香味和口感。

四、休闲调味辣椒食品生产注意事项

辣椒酥和辣椒丝都是市场上常见的产品,辣椒酥以山东等地为主,贵州地区的辣椒酥就辣得厉害,四川地区的辣椒酥就稍带麻味,重庆的辣椒酥备受酒店欢迎,因其特殊的口感和风味让酒店厨师难以制作,需工业化调味满足了餐饮市场的需求。辣椒酥成为下酒休闲小菜之一,目前在大多数城市较为常见。而辣椒丝作为拌面和休闲小吃,在新疆及其西北地区甚为流行。这是辣椒系列产品不断满足消费者的关键,也是未来的趋势之一。即食菜的辣椒制品越来越多,也可以作为自热烧烤、自热重庆小面、自热米饭、自热火锅、自热麻辣烫配菜,每份15g即可。

第三十节 休闲调味花生

一、休闲调味花生生产工艺流程

花生→清理→蒸煮或者炒制→调味→包装→高温杀菌→检验→喷码→检查→装箱→封箱→加盖生产合格证→入库

二、休闲调味花生生产技术要点

1.花生清理

清理掉烂花生和发芽的花生,选择完整没有霉变的花生作为调

味使用,哈变的花生也不需要。

2. 蒸煮或者炒制

将花生彻底煮熟以便更好地调味,也可以采用炒制工艺。

3. 调味

将调味料和花生充分混合,让花生充分吸收调味料,使其调味料渗透到花生之中。

4. 包装

采用抽真空包装方式袋装,也可以采用瓶装。

5. 高温杀菌

高温杀菌采用 121℃,25min 较好,控制得好的话不需要添加防腐剂。

三、休闲调味花生生产配方

1. 休闲调味山椒花生配方(表 3 - 329)

表 3 - 329　休闲调味山椒花生配方

原料	生产配方/kg	原料	生产配方/kg
煮熟的花生	20	I + G	0.01
鸡肉液体香精香料	0.1	天然辣椒提取物	0.012
野山椒	2.5	复合酸味剂	0.1
缓慢释放风味肉粉	0.2	野山椒香味提取物	0.01
谷氨酸钠	0.2		

产品特点:山椒风味渗透到花生的中心。

2. 休闲调味香辣花生配方(表 3 - 330)

表 3 - 330　休闲调味香辣花生配方

原料	生产配方/kg	原料	生产配方/kg
煮熟的花生	100	柠檬酸	0.2
辣椒香味提取物	0.002	I + G	0.045
强化香味天然香辛料	0.03	乙基麦芽酚	0.02

续表

原料	生产配方/kg	原料	生产配方/kg
麻辣专用调味油	0.2	水溶辣椒提取物	0.2
谷氨酸钠	0.9	白砂糖	2.1
缓慢释放风味肉粉	0.3	麻辣专用调味原料	0.02

产品特点:具有香辣特征风味。

3. 休闲调味香辣花生配方(表3-331)

表3-331　休闲调味香辣花生配方

原料	生产配方/kg	原料	生产配方/kg
食用油	2.3	花生仁	82
糊辣椒香味提取物	0.02	谷氨酸钠	5
麻辣专用调味油	0.3	白砂糖	1.3
鲜花椒提取物	0.4	水溶辣椒提取物	0.2
辣椒香味提取物	0.04	缓慢释放风味肉粉	0.2

产品特点:采用炒制工艺加工,口感极其特殊。

4. 休闲调味糊辣椒香味花生配方(表3-332)

表3-332　休闲调味糊辣椒香味花生配方

原料	生产配方/kg	原料	生产配方/kg
煮熟的花生	20	天然辣椒提取物	0.012
鸡肉液体香精香料	0.1	糊辣椒	1.6
野山椒泥	2.5	糊辣椒风味提取物	0.02
缓慢释放风味肉粉	0.2	复合酸味剂	0.1
谷氨酸钠	0.2	野山椒香味提取物	0.01
I+G	0.01	辣椒红色素	0.1

产品特点:具有糊辣椒香味。

以上这些产品适合即食菜、小菜、下饭菜，用于多个消费场合，也是自热烧烤、自热米饭、自热火锅、自热麻辣烫的配菜，应用面较广，一般25g包装使用较多。

四、休闲调味花生生产注意事项

花生的加工休闲类的食品极多，这里只是将新兴流行的花生食品作为列举，仅是花生休闲化的一部分，还有更多花生风味期待探讨。休闲化花生生产技术极其成熟，关键是如何生产消费者认可的花生休闲食品。

第三十一节　休闲调味茄子

一、休闲调味茄子生产工艺流程

茄子→清理→干制→切分→炒制或者不炒制→调味→包装→高温杀菌→检验→喷码→检查→装箱→封箱→加盖生产合格证→入库

二、休闲调味茄子生产技术要点

1. 茄子清理

将茄子整理之后切成片状或丝状，便于脱水。

2. 干制

干制的主要问题是减少茄子的水分，让水分减少之后便于调味食用。

3. 切分

根据干制的茄子程度可以采用水法之后再切分，再将茄子切成片或者细丝，便于食用和加工。

4. 炒制

采用炒制或者不炒制均可，目的是让茄子便于入味。

5. 调味

将复合调味料与茄子充分混合均匀，让茄子充分入味。

6. 包装

采用真空包装袋装或者玻璃瓶装，根据包装形式不一样而采用不同的杀菌条件。

7. 高温杀菌

采用水浴杀菌，通常建议90℃杀菌10min。

三、休闲调味茄子生产配方

1. 休闲调味香辣茄子配方1（表3－333）

表3－333　休闲调味香辣茄子配方1

原料	生产配方/kg	原料	生产配方/kg
熟制后的茄子	100	柠檬酸	0.2
辣椒香味提取物	0.002	I＋G	0.045
强化香味天然香辛料	0.03	乙基麦芽酚	0.02
麻辣专用调味油	0.2	水溶辣椒提取物	0.2
谷氨酸钠	0.9	白砂糖	2.1
缓慢释放风味肉粉	0.3	麻辣专用调味原料	0.02

产品特点：具有香辣特征风味。

2. 休闲调味香辣茄子配方2（表3－334）

表3－334　休闲调味香辣茄子配方2

原料	生产配方/kg	原料	生产配方/kg
食用油	6.9	谷氨酸钠	5
麻辣专用调味油	0.3	白砂糖	1.3
鲜花椒提取物	0.4	水溶辣椒提取物	0.2
辣椒香味提取物	0.04	缓慢释放风味肉粉	0.2
茄子	82		

产品特点：采用炒制工艺实现，尤其是辣椒可以直接吃而不辣。

3. 休闲调味麻辣茄子配方(表 3-335)

表 3-335　休闲调味麻辣茄子配方

原料	生产配方/kg	原料	生产配方/kg
花椒提取物	0.3	柠檬酸	0.2
熟制后的茄子	100	I+G	0.045
辣椒香味提取物	0.003	乙基麦芽酚	0.02
强化香味天然香辛料	0.01	水溶辣椒提取物	0.2
麻辣专用调味油	0.4	白砂糖	2.1
谷氨酸钠	0.9	麻辣专用调味原料	0.02
缓慢释放风味肉粉	0.3	辣椒红色素	适量

产品特点:具有地道麻辣风味特色。

4. 休闲调味糊辣椒茄子配方(表 3-336)

表 3-336　休闲调味糊辣椒茄子配方

原料	生产配方/kg	原料	生产配方/kg
食用油	2.3	茄子	82
糊辣椒香味提取物	0.02	谷氨酸钠	5
麻辣专用调味油	0.3	白砂糖	1.3
鲜花椒提取物	0.4	水溶辣椒提取物	0.2
辣椒香味提取物	0.04	缓慢释放风味肉粉	0.2

产品特点:具有糊辣椒香味特色。

5. 休闲调味烧烤茄子配方(表 3-337)

表 3-337　休闲调味烧烤茄子配方

原料	生产配方/kg	原料	生产配方/kg
熟制后的茄子	100	缓慢释放风味肉粉	0.3
烤香天然香辛料	0.1	柠檬酸	0.2

续表

原料	生产配方/kg	原料	生产配方/kg
烧烤香辛料提取物	0.2	I+G	0.045
辣椒香味提取物	0.002	乙基麦芽酚	0.02
强化香味天然香辛料	0.03	水溶辣椒提取物	0.2
麻辣专用调味油	0.2	白砂糖	2.1
谷氨酸钠	0.9	麻辣专用调味原料	0.02

产品特点:具有烧烤风味特征。

四、休闲调味茄子生产注意事项

在贵州、广西地区有大量的茄子深加工,期待休闲化精深加工带动农产品产业化,实现茄子基地化。目前需要注意的是茄子产品的保鲜和加工技术,避免茄子加工过程中的腐烂现象发生。可作为即食小吃、快餐配菜,还可以作为自热烧烤等新兴创新,提高口感需求。

第三十二节 休闲调味豇豆

一、休闲调味豇豆生产工艺流程

豇豆→清理→腌制或者不腌制→脱盐→切细或者切断→炒制或者不炒制→调味→包装→高温杀菌→检验→喷码→检查→装箱→封箱→加盖生产合格证→入库

二、休闲调味豇豆生产技术要点

1. 豇豆清理

切掉豇豆不能食用的部分,清洗干净,晾干备用。

2. 腌制

腌制是为了更长久地保存豇豆。不腌制也可以进行调味加工,关键是控制豇豆的水分和盐分,腌制的豇豆加工时需要脱盐。

3. 脱盐

脱掉豇豆中多余的盐分,让豇豆可以直接食用即可。

4. 切分

把豇豆切成丁状或者末状,便于更好地调味。

5. 炒制

炒制或者不炒制都可以进行调味。

6. 调味

调味是将调味料与豇豆充分混合,让调味料充分渗透到豇豆之中。对于盐腌过的豇豆需要采用特殊的调味技巧改变豇豆中所含食盐返咸的问题。

7. 包装

采用真空包装的袋装或者瓶装均可。

8. 高温杀菌

采用巴氏杀菌,建议采用90℃杀菌12min之后立即冷却,豇豆的口感就好得多。

三、休闲调味豇豆生产配方

1. 休闲调味山椒味豇豆配方(表3-338)

表3-338 休闲调味山椒味豇豆配方

原料	生产配方/kg	原料	生产配方/kg
豇豆	20	I+G	0.01
鸡肉液体香精香料	0.1	天然辣椒提取物	0.012
野山椒	2.5	复合酸味剂	0.1
缓慢释放风味肉粉	0.2	野山椒香味提取物	0.01
谷氨酸钠	0.2		

产品特点:具有山椒风味和口感。

2. 休闲调味烧烤味豇豆配方(表3-339)

表3-339 休闲调味烧烤味豇豆配方

原料	生产配方/kg	原料	生产配方/kg
脱盐后的豇豆	100	柠檬酸	0.2
烤香天然香辛料	0.1	I+G	0.045
烧烤香辛料提取物	0.2	乙基麦芽酚	0.02
辣椒香味提取物	0.002	水溶辣椒提取物	0.2
强化香味天然香辛料	0.03	白砂糖	2.1
麻辣专用调味油	0.2	麻辣专用调味原料	0.02
谷氨酸钠	0.9	品质改良剂	按照国家相关标准添加
缓慢释放风味肉粉	0.3		

产品特点:具有烧烤风味特征。

3. 休闲调味椒香麻辣味豇豆配方(表3-340)

表3-340 休闲调味椒香麻辣味豇豆配方

原料	生产配方/kg	原料	生产配方/kg
食用油	2.3	谷氨酸钠	5
椒香味提取物	0.02	白砂糖	1.3
麻辣专用调味油	0.3	水溶辣椒提取物	0.2
鲜花椒提取物	0.4	缓慢释放风味肉粉	0.2
辣椒香味提取物	0.04	山梨酸钾	按照国家相关标准添加
豇豆末	82	品质改良剂	按照国家相关标准添加

产品特点:具有特殊椒香风味。

4. 休闲调味麻辣豇豆配方(表 3-341)

表 3-341 休闲调味麻辣豇豆配方

原料	生产配方/kg	原料	生产配方/kg
食用油	2.3	谷氨酸钠	5
糊辣椒香味提取物	0.02	白砂糖	1.3
麻辣专用调味油	0.3	水溶辣椒提取物	0.2
鲜花椒提取物	0.4	缓慢释放风味肉粉	0.2
辣椒香味提取物	0.04	山梨酸钾	按照国家相关标准添加
豇豆粒	82	品质改良剂	按照国家相关标准添加

产品特点:具有麻辣风味特色。

5. 休闲调味独特麻辣豇豆配方(表 3-342)

表 3-342 休闲调味独特麻辣豇豆配方

原料	生产配方/kg	原料	生产配方/kg
脱盐后的豇豆	100	柠檬酸	0.2
黑胡椒粉	0.1	I+G	0.045
麻辣专用香辛料提取物	0.2	乙基麦芽酚	0.02
辣椒香味提取物	0.002	水溶辣椒提取物	0.2
强化香味天然香辛料	0.03	白砂糖	2.1
麻辣专用调味油	0.2	麻辣专用调味原料	0.02
谷氨酸钠	0.9	品质改良剂	按照国家相关标准添加
缓慢释放风味肉粉	0.3		

产品特点:具有长时间留味的特征麻辣风味。

6. 休闲调味香辣豇豆配方(表3－343)

表3－343　休闲调味香辣豇豆配方

原料	生产配方/kg	原料	生产配方/kg
脱盐后的豇豆	100	柠檬酸	0.2
香辣风味天然香辛料	0.1	I+G	0.045
香辣香味提取物	0.2	乙基麦芽酚	0.02
辣椒香味提取物	0.002	水溶辣椒提取物	0.2
强化香味天然香辛料	0.03	白砂糖	2.1
麻辣专用调味油	0.2	麻辣专用调味原料	0.02
谷氨酸钠	0.9	品质改良剂	按照国家相关标准添加
缓慢释放风味肉粉	0.3		

产品特点:具有香辣特征口感和滋味。

7. 休闲调味清香山椒风味豇豆配方(表3－344)

表3－344　休闲调味清香山椒风味豇豆配方

原料	生产配方/kg	原料	生产配方/kg
鲜青花椒提取物	0.05	谷氨酸钠	0.2
豇豆	20	I+G	0.01
鸡肉液体香精香料	0.1	天然辣椒提取物	0.012
野山椒	2.5	复合酸味剂	0.1
缓慢释放风味肉粉	0.2	野山椒香味提取物	0.01

产品特点:具有鲜青花椒风味。

8. 休闲调味糊辣椒风味豇豆配方(表3－345)

表3－345　休闲调味糊辣椒风味豇豆配方

原料	生产配方/kg	原料	生产配方/kg
糊辣椒	1.6	谷氨酸钠	0.2

续表

原料	生产配方/kg	原料	生产配方/kg
豇豆	20	I + G	0.01
鸡肉液体香精香料	0.1	天然辣椒提取物	0.012
野山椒	2.5	复合酸味剂	0.1
缓慢释放风味肉粉	0.2	糊辣椒香味提取物	0.01

产品特点:具有糊辣椒香味。

四、休闲调味豇豆生产注意事项

豇豆系列产品很多,关键是如何做出会说话的味道,很多产品是浪费消费资源,味道极其一般,导致原料浪费,建议根据这一做法来改进产品的风味获得消费者认可。休闲小吃的豇豆口感好,作为即食菜、休闲吃法比较广泛,升级成为自热米饭、自热烧烤等自热食品的配菜,每份 15g 较好。

第三十三节　休闲调味魔芋

本节是笔者多年对休闲魔芋丝调味的经验总结。从休闲魔芋丝的独特口感、调味增值、风味多元化、新品诞生四方面介绍休闲魔芋丝调味的发展现状及趋势。研发消费者认可的休闲魔芋丝才是这个行业的出路和立足之本,也是未来休闲魔芋丝能否创造奇迹的关键,也是不断树立休闲魔芋丝品牌的趋势。

一、休闲魔芋丝的发展现状及趋势

1. 休闲魔芋丝独特口感

魔芋丝产品之所以不断被消费者认可,主要源于其特殊的口感。魔芋口感区别于其他物质的主要原因是:一方面水分含量高,因其水分带来的风味比较丰富,吃起来相当于特殊的肉感一样细腻,这是其他食品难以区别的;另一方面是独特的组织形成,可以将风味化物质吸收彻底,这与当前消费者需要吃到口感丰富的食品正好不谋而合,这就充分体现魔芋丝休闲化趋势将不断呈现的态势。凡是吃过休闲魔芋丝的消费者对魔芋丝大都会有特别的记忆,会有再吃一次的想法。口感的升级是如何将魔芋丝做成具有长久回味的产品,将魔芋的口感形成一条线的口感,仅有一条线的口感消费者接受是必然的。许多厂家只顾眼前利润,不去想如何发展魔芋产业。当然也有少数企业利用资源整合,在休闲魔芋丝的开发上下功夫,追求更多消费者接受的系列产品。魔芋丝的口感不亚于金针菇,尤其是吃后的美味不简单是味道,而是当前美味食品的创新奇迹,这就让人想起过去的魔芋烧鸭子。这也会为休闲魔芋丝的不断发展提供足够的空间和发展趋势,一旦具有魔芋烧鸭子口感的休闲魔芋丝产生,必将会被更多消费者接受并重复购买。

2. 调味增值魔芋深加工

休闲魔芋丝在未来的发展潜力还很大,消费需求也比较旺盛,当前的市场缺口相当大,仍需诸多资源整合打造一流休闲魔芋丝行业领军品牌,只有在一个行业有出类拔萃的调味魔芋丝存在才对整个行业发展有利。目前根据市场快速反应,不断完善休闲魔芋丝产业布局才是未来休闲魔芋丝增值的关键。增值的同时将带动魔芋产业农业产业化生产规模化经营,大量标准化作业,将传统的魔芋实现工业化发展,休闲化是趋势也是消费需求的必然。

3. 风味化魔芋丝发展多元化

从麻辣风味休闲魔芋丝、山椒风味休闲魔芋丝再不断扩展到烧烤、红烧、青椒、泡椒、五香、牛肉、鸡肉、猪排、芝麻、番茄、咖啡、沙爹、巧克力、奶油、藤椒、青花椒、巴西烤肉、烤香、原味、玉米、甜橙、蜂蜜、香辣、爆烤、炭烧、比萨、怪味、孜然、酸菜、鸭肉等风味,这将是魔芋丝风味多元化发展的必然。休闲魔芋丝唯有多元化发展才能不断被市场认可。但是从当前来看,主要是麻辣在市场上认可率最高,也是消费者普遍接受的产品之一。盲目的风味多元化对休闲魔芋丝没有任何帮助,唯有在一个行业不断发展有拳头产品的时候再不断开发新产品才是出路。很多风味化产品拿不出手往往在于味道极其一般。

消费者不认可就是浪费原料包装人力物力,这样的风味化没什么好的结果。但是,一些风味化创新是有必要的,一方面可以弥补消费者多样化需求,另一方面可以实现多口味发展必将获得更多消费者。

4. 魔芋丝调味新品不断诞生

随着生产休闲魔芋丝的企业不断增多,生产技术在不断进步,更多的产品将不断满足市场需求,同时也会出现休闲魔芋丝调味精品。笔者通过对休闲魔芋丝的研究,希望能给诸多生产研发休闲魔芋丝的企业提供一定的指导帮助。

二、休闲调味魔芋生产工艺流程

魔芋即食品→切片或丝、丁→调味→包装→杀菌→调味魔芋休闲食品→包装→成品→检验→喷码→检查→装箱→封箱→加盖生产合格证→入库

三、休闲调味魔芋生产技术要点

1. 魔芋即食品

这是极其成熟的技术,该处不再过多赘述。魔芋丝的大小、形状均不会影响调味的效果,这就要根据调味原料的使用来实现,一些调味行家不能实现调味入味是调味技巧的问题,这与魔芋素食的形状无关。

2. 切片

切分成任何形状或者挤压成任何形状即可。

3. 调味

将调味原料与魔芋丝混合均匀即可,对于碱性较重的魔芋丝需要脱掉多余的碱分以免影响魔芋形成的独特风味。调味原料的选择至关重要,尤其是杀菌之后的风味好坏取决于调味原料的好坏。

4. 包装

采用真空包装做成休闲即食是当下的流行方式。

5. 杀菌

杀菌建议采用115℃,5min后立即冷却效果最佳。

四、休闲调味魔芋生产配方

1. 休闲调味清香山椒味魔芋丝配方(表3-346)

表3-346 休闲调味清香山椒味魔芋丝配方

原料	生产配方/kg	原料	生产配方/kg
鲜青花椒提取物	0.05	谷氨酸钠	0.2
食盐	0.3	I+G	0.01
魔芋丝	20	天然辣椒提取物	0.012
鸡肉液体香精香料	0.1	复合酸味剂	0.1
野山椒	2.5	野山椒香味提取物	0.01
缓慢释放风味肉粉	0.2		

产品特点:具有清香山椒风味特点。

2. 休闲调味香辣魔芋丝配方(表3-347)

表3-347 休闲调味香辣魔芋丝配方

原料	生产配方/kg	原料	生产配方/kg
魔芋丝	100	缓慢释放风味肉粉	0.3
香辣风味天然香辛料	0.1	柠檬酸	0.2
香辣香味提取物	0.2	I+G	0.045
辣椒香味提取物	0.002	乙基麦芽酚	0.02
强化香味天然香辛料	0.03	水溶辣椒提取物	0.2
麻辣专用调味油	0.2	白砂糖	2.1
谷氨酸钠	0.9	麻辣专用调味原料	0.02

产品特点:缓慢释放风味让魔芋更入味。

3. 休闲调味麻辣魔芋丝配方(表3-348)

表3-348 休闲调味麻辣魔芋丝配方

原料	生产配方/kg	原料	生产配方/kg
魔芋丝	100	缓慢释放风味肉粉	0.3
香辣风味天然香辛料	0.1	柠檬酸	0.2
香辣香味提取物	0.2	I+G	0.045
辣椒香味提取物	0.002	乙基麦芽酚	0.02
强化香味天然香辛料	0.03	水溶辣椒提取物	0.2
麻辣专用调味油	0.2	白砂糖	2.1
谷氨酸钠	0.9	麻辣专用调味原料	0.02

产品特点:麻辣特色极其明显。

4. 休闲调味麻辣魔芋丝配方(表3-349)

表3-349 休闲调味麻辣魔芋丝配方

原料	生产配方/kg	原料	生产配方/kg
食用油	5.2	谷氨酸钠	5
糊辣椒香味提取物	0.02	白砂糖	1.3
麻辣专用调味油	0.3	水溶辣椒提取物	0.2
鲜花椒提取物	0.4	缓慢释放风味肉粉	0.2
辣椒香味提取物	0.04	山梨酸钾	按照国家相关标准添加
魔芋丝	82	品质改良剂	按照国家相关标准添加

产品特点:辣椒的辣味通过缓慢释放风味技术渗透到魔芋丝。

5. 休闲调味山椒味魔芋丝配方(表3-350)

表3-350 休闲调味山椒味魔芋丝配方

原料	生产配方/kg	原料	生产配方/kg
食盐	0.3	谷氨酸钠	0.2

续表

原料	生产配方/kg	原料	生产配方/kg
魔芋丝	20	I+G	0.01
鸡肉液体香精香料	0.1	天然辣椒提取物	0.012
野山椒	2.5	复合酸味剂	0.1
缓慢释放风味肉粉	0.2	野山椒香味提取物	0.01

产品特点:具有畅销山椒风味特点。

6. 休闲调味糊辣椒香魔芋丝配方(表3－351)

表3－351　休闲调味糊辣椒香魔芋丝配方

原料	生产配方/kg	原料	生产配方/kg
糊辣椒香味提取物	0.005	缓慢释放风味肉粉	0.2
糊辣椒	2.2	谷氨酸钠	0.2
辣椒红色素	0.1	I+G	0.01
食盐	0.3	天然辣椒提取物	0.012
魔芋丝	20	复合酸味剂	0.1
鸡肉液体香精香料	0.1	野山椒香味提取物	0.01
野山椒泥	2.5		

产品特点:具有畅销糊辣椒香味和滋味特色。

7. 休闲调味五香魔芋丝配方(表3－352)

表3－352　休闲调味五香魔芋丝配方

原料	生产配方/kg	原料	生产配方/kg
食用油	1.2	魔芋丝	88
五香香辛料提取物	0.02	谷氨酸钠	5
五香专用调味油	0.3	白砂糖	1.3
鲜花椒提取物	0.02	水溶辣椒提取物	0.1
五香香味提取物	0.01	缓慢释放风味肉粉	0.2

产品特点:具有典型五香风味。

8. 休闲调味芝麻香魔芋丝配方(表3-353)

表3-353 休闲调味芝麻香魔芋丝配方

原料	生产配方/kg	原料	生产配方/kg
食用油	1.2	魔芋丝	88
芝麻香香辛料提取物	0.02	谷氨酸钠	5
芝麻专用调味油	0.3	白砂糖	1.3
鲜花椒提取物	0.02	水溶辣椒提取物	0.1
芝麻香味提取物	0.01	缓慢释放风味肉粉	0.2

产品特点:具有典型芝麻香味。

9. 休闲调味芝士魔芋丝配方(表3-354)

表3-354 休闲调味芝士魔芋丝配方

原料	生产配方/kg	原料	生产配方/kg
芝士香香辛料提取物	0.02	白砂糖	1.3
芝士专用调味酱	0.3	水溶辣椒提取物	0.1
芝士香味提取物	0.01	缓慢释放风味肉粉	0.2
魔芋丝	88	甜味剂	0.3
谷氨酸钠	5		

产品特点:具有特殊芝士风味特点。

10. 休闲调味番茄味魔芋丝配方(表3-355)

表3-355 休闲调味番茄味魔芋丝配方

原料	生产配方/kg	原料	生产配方/kg
番茄味香辛料提取物	0.02	白砂糖	1.3
番茄专用调味酱	0.3	水溶辣椒提取物	0.1
番茄香味提取物	0.01	缓慢释放风味肉粉	0.2

续表

原料	生产配方/kg	原料	生产配方/kg
魔芋丝	88	甜味剂	0.3
谷氨酸钠	5		

产品特点:具有特殊番茄风味。

11. 休闲调味桂花味魔芋丝配方(表3-356)

表3-356　休闲调味桂花味魔芋丝配方

原料	生产配方/kg	原料	生产配方/kg
桂花味香辛料提取物	0.02	白砂糖	1.3
桂花专用调味酱	0.3	水溶辣椒提取物	0.1
桂花香味提取物	0.01	缓慢释放风味肉粉	0.2
魔芋丝	88	甜味剂	0.3
谷氨酸钠	5	风味强化香辛料	0.2

产品特点:具有特征性极强的桂花风味。

12. 休闲调味黑糖魔芋丝配方(表3-357)

表3-357　休闲调味黑糖魔芋丝配方

原料	生产配方/kg	原料	生产配方/kg
黑糖香味提取物	0.02	水溶辣椒提取物	0.1
黑糖专用调味油	0.3	缓慢释放风味肉粉	0.2
魔芋丝	88	甜味剂	0.3
谷氨酸钠	5	风味强化香辛料	0.2
白砂糖	1.3		

产品特点:具有黑糖特殊风味。

13. 休闲调味麻辣味魔芋调味料配方(表3-358)

表3-358 休闲调味麻辣味魔芋调味料配方

原料	生产配方/kg	原料	生产配方/kg
谷氨酸钠	2.5	水溶性辣椒提取物	0.04
食盐	2	清香型水溶性椒香香料抽提物	0.02
增鲜调味粉	0.1	强化后味鸡肉粉状香精香料	0.05
乙基麦芽酚	0.1		

产品特点:肉味醇和、水溶性好、入味力强、后味好,风味持久。

14. 休闲调味香辣味魔芋调味料配方(表3-359)

表3-359 休闲调味香辣味魔芋调味料配方

原料	生产配方/kg	原料	生产配方/kg
谷氨酸钠	2	甜味剂	0.002
食盐	2	烤牛肉水溶性香精香料	0.003
复合增香香辛料(专用)	0.06	水溶性辣椒提取物	0.04
增鲜调味粉	0.2	清香型水溶性椒香香料抽提物	0.03
乙基麦芽酚	0.1	强化后味鸡肉粉状香精香料	0.08

产品特点:肉味醇和、水溶性好、入味力强、后味好,风味持久。

五、休闲调味魔芋生产注意事项

需要解决的主要核心问题是使魔芋入味,这也是魔芋成为麻辣休闲小吃最难实现的调味难题。调味原料的选择,调配过程及其复合调味的比例是魔芋能否成为特色小吃的关键。魔芋独特的口感给消费带来很多无限价值:①自热米饭,采用休闲魔芋来改变米饭和菜肴的口感,实现持续消费的传奇。②自热火锅,以上休闲魔芋口感持久,吃后不口干趋势是其他的一些配方实现不了的。③自热烧烤,消费的升级实现了辣椒面和休闲魔芋的有机结合，使消费的弹性口感得到体现。④自热干锅，休闲魔芋产生独特的味觉体验，每份35g更加突出消费特点。⑤自热重庆小面，休闲魔芋让面食味道修饰，改进成为独具风格的自热小面。⑥即食菜，让消费者乐于记忆，好吃才是根本。⑦快餐配菜，随处可以配成小菜和标准化菜品。

六、休闲调味魔芋丝的盲测方法

口味的好坏谁说了“算”，是老板吗？是技术员吗？是采购主管吗？不，只有消费者说了“算”。成都乐客食品技术开发有限公司通过多年的食品研发盲测对比方法，总结如下几方面。

1. 消费者代表

通常我们随机选择在各区域在校女大学生做口味盲测评比的消费者代表。她们（18～36岁的女性）对口味辨认最敏感、最具代表性。通过她们的表述，我们得出了很多意见和建议，知道了我们产品的长处和不足，我们将不断调整、改进，直到消费者代表满意为止。随机选择的代表尽量在销售市场的区域，效果会好很多。

2. 进行盲测评比

（1）前提条件

消费者代表并不知道都是哪个品牌的产品。人性的最大弱点在于“自己不会说自己不对，也总希望别人不如自己”，故她们不会知道哪个味道是她经常喜欢吃的产品，也许吃过后还不知道，更不会也不可能随意说出自己偏爱的品牌产品。她们只知道编号和由其表述出来的品尝感觉、要求改进的建议。

（2）盲测方法

①按照休闲魔芋丝外包装袋使用说明进行制作样品。

②20个人每人分别独立品尝。

③分别取少许样品。

④准备好后进行品尝。

⑤边品尝边填表格。

⑥填完后各自分别交表格。

⑦将收齐的表格进行统计分析、总结。

3.盲测备注细则

盲测备注细则为：

①选定对象以10人以上为佳；

②对比在50%以上为“好”，案例证明指标未达到50%的产品在市场上并不被消费者接受；

③答卷要客观、公正、实事求是；

④以上表格可用打“√”和“%”表示（测试和总结）；

⑤还可以增加样品作为测试，以标号1、2、3、4代替品牌名称；

⑥新品上市测试要求“好”必须大于60%；

⑦对以上20份重复4~6次即可将以上数据进行数理统计分析来指导研发；

⑧也可以是任意标识而不是1234代替品牌的标记。

4.盲测例表

（1）麻辣味魔芋丝盲测评价表（表3-360）

表3-360　麻辣味魔芋丝盲测评价表

请您对以下口味作评价：（20位某财大女大学生、随机，每人一份表，每人1个样品）

产品：麻辣魔芋丝　　　　日期：

项目＼产品	1				2				3				4			
	过量	好	一般	差	过量	好	一般	差	过量	好	一般	差	过量	好	一般	差
色泽																
辣味																
鲜味																
咸味																
香味																
口感																
香气																
回味																

续表

项目＼产品	1				2				3				4			
	过量	好	一般	差	过量	好	一般	差	过量	好	一般	差	过量	好	一般	差
麻味																
甜味																
其他																
意见和建议	麻味不足，香味还可以，不咸不辣，辣味不持久，色泽一般，缺少香味，肉香不足，缺少酱香，香味协调性一般。口感和甜味比较理想，辣味、色泽、鲜味、香味、回味稍加修改即可大幅度提高品质，麻味需要增加才行。（这只是例子）															

特别建议：

①改进辣味来源，加强些小黄姜的应用，应用一些泡辣椒、小米辣等辣修饰。

②适当添加一些新疆椒或者采用一些红油来提高色泽，这样会使其品质提高。

③适当增加甘草、陈皮强化回味。

④提高酱香风味（只是参考）。

（2）山椒味盲测评价表（表3－361）

表3－361 山椒味盲测评价表

请您对以下口味作评价：（24位某财大女大学生、随机，每人一份表，每人1个样品）

产品：山椒味　　　　日期：

项目＼产品	1				2				3				4			
	过量	好	一般	差	过量	好	一般	差	过量	好	一般	差	过量	好	一般	差
色泽																
辣味																
鲜味																
咸味																
香味																

续表

项目＼产品	1				2				3				4			
	过量	好	一般	差	过量	好	一般	差	过量	好	一般	差	过量	好	一般	差
口感																
香气																
回味																
酸味																
甜味																
其他																
意见和建议																

（3）芝麻口味盲测评价表（表3－362）

表3－362　芝麻口味盲测评价表

请您对以下口味作评价：（20位某财大女大学生、随机，每人一份表，每人1个样品）

产品：芝麻味　　日期：

项目＼产品	1				2				3				4			
	过量	好	一般	差	过量	好	一般	差	过量	好	一般	差	过量	好	一般	差
色泽																
辣味																
鲜味																
咸味																
香味																
口感																
香气																
回味																
芝麻味																
甜味																
其他																

续表

项目＼产品	1				2				3				4			
	过量	好	一般	差	过量	好	一般	差	过量	好	一般	差	过量	好	一般	差
意见和建议																

(4)番茄味口味盲测评价表(表3-363)

表3-363 番茄味口味盲测评价表

请您对以下口味作评价:(20位某科大女大学生、随机,每人一份表,每人1个样品)

产品:番茄味　　　　日期:

项目＼产品	1				2				3				4			
	过量	好	一般	差	过量	好	一般	差	过量	好	一般	差	过量	好	一般	差
色泽																
酸味																
鲜味																
咸味																
香味																
口感																
香气																
回味																
番茄味																
甜味																
其他																
意见和建议																

20张盲测的表格通过盲测结果总结为一张答案。该盲测适合于所有休闲蔬菜调味食品,对所有休闲蔬菜制品均可编制表格进行盲测,根据盲测的结果进行研发才是真正地对消费者负责,才是科学合理地研发消费者认可的食品的有效途径。

第三十四节　休闲调味鸡蛋干

一、休闲调味鸡蛋干生产工艺流程

鸡蛋→清理→蒸蛋→切片→调味→包装→高温杀菌→检验→喷码→检查→装箱→封箱→加盖生产合格证→入库

二、休闲调味鸡蛋干生产技术要点

1. 鸡蛋干生产

鸡蛋干生产目前处于极其成熟的工艺,该处不再赘述。

2. 切片

将鸡蛋干切成片状或者块状、丁状,以便更好地调味。

3. 调味

将调味原料与鸡蛋干搅拌均匀,使鸡蛋干充分吸收调味原料达到调味的目的。

4. 包装

采用真空包装的袋装。

5. 高温杀菌

建议采用115℃杀菌15min作参考。

三、休闲调味鸡蛋干生产调味配方

1. 休闲调味烧烤味鸡蛋干配方1(表3－364)

表3－364　休闲调味烧烤味鸡蛋干配方1

原料	生产配方/kg	原料	生产配方/kg
鸡蛋干	20	朝天椒辣椒粉	0.2
食盐	0.4	孜然树脂精油	0.002
烧烤复合香味香辛料	0.2	耐高温烧烤牛肉液体香精香料	0.002

续表

原料	生产配方/kg	原料	生产配方/kg
植物油	2	增鲜剂	0.01
酱油	0.2	增香剂	0.01
谷氨酸钠	0.4	耐高温椒香强化香精香料	0.02
I+G	0.01	白砂糖	0.2
孜然	0.1	大红袍花椒	0.05
耐高温烧烤牛肉粉状香精香料	0.1	防腐剂	按照国家相关标准添加

产品特点:具有微辣清香烤制香味香气。

2. 休闲调味烧烤味鸡蛋干配方2(表3-365)

表3-365　休闲调味烧烤味鸡蛋干配方2

原料	生产配方/kg	原料	生产配方/kg
鸡蛋干	20	孜然树脂精油	0.002
食盐	0.4	耐高温烤牛肉液体香精香料	0.002
烧烤复合香味香辛料	0.5	增鲜剂	0.01
植物油	1.2	增香剂	0.01
耐高温鸡肉膏状乳化类香精香料	0.05	耐高温椒香强化香精香料	0.02
谷氨酸钠	0.3	白砂糖	0.5
I+G	0.01	大红袍花椒	0.02
孜然	0.4	防腐剂	按照国家相关标准添加
耐高温牛肉膏状乳化类香精香料	0.05	品质改良剂	按照国家相关标准添加
朝天椒辣椒粉	0.6		

产品特点:辣味突出,具有复合的烤肉香味。

3. 休闲调味烧烤味鸡蛋干配方3(表3-366)

表3-366 休闲调味烧烤味鸡蛋干配方3

原料	生产配方/kg	原料	生产配方/kg
鸡蛋干	20	孜然树脂精油	0.001
食盐	0.3	耐高温烧鸡液体香精香料	0.001
烧烤复合香味香辛料	0.2	增鲜剂	0.01
植物油	1.8	增香剂	0.01
耐高温牛肉增香粉状香精香料	0.05	耐高温椒香强化香精香料	0.02
谷氨酸钠	0.3	白砂糖	0.3
I+G	0.01	大红袍花椒	0.01
孜然	0.3	防腐剂	按照国家相关标准添加
耐高温强化后味鸡肉粉状香精香料	0.1	品质改良剂	按照国家相关标准添加
朝天椒辣椒粉	0.2		

产品特点:后味突出,复合肉味特征明显,具有较好的回味。

4. 休闲调味烧烤味鸡蛋干配方4(表3-367)

表3-367 休闲调味烧烤味鸡蛋干配方4

原料	生产配方/kg	原料	生产配方/kg
鸡蛋干	20	油溶性辣椒提取物	0.02
食盐	0.3	孜然树脂精油	0.001
五香味复合香辛料液	0.2	耐高温清香鸡肉液体香精香料	0.001
植物油	1.8	增鲜剂	0.01
耐高温牛肉增香粉状香精香料	0.05	增香剂	0.01
谷氨酸钠	0.3	耐高温椒香强化香精香料	0.02

续表

原料	生产配方/kg	原料	生产配方/kg
I+G	0.01	白砂糖	0.3
水溶性孜然粉	0.3	水溶性花椒粉	0.01
耐高温强化后味鸡肉粉状香精香料	0.1	防腐剂	按照国家相关标准添加
水溶性辣椒提取物	0.03	品质改良剂	按照国家相关标准添加

产品特点：使用液体复合调味原料调味使鸡蛋干入味。

5. 休闲调味麻辣味鸡蛋干配方1（表3-368）

表3-368　休闲调味麻辣味鸡蛋干配方1

原料	生产配方/kg	原料	生产配方/kg
鸡蛋干	20	水溶性辣椒提取物	0.03
食盐	0.2	油溶性辣椒提取物	0.02
复合香辛料	0.2	乙基麦芽酚	0.001
植物油	2	耐高温鸡肉纯粉香精香料	0.08
木姜子油	0.05	增鲜剂	0.02
耐高温牛肉增香粉状香精香料	0.05	增香剂	0.04
谷氨酸钠	0.3	青花椒粉	0.07
I+G	0.01	白砂糖	0.4
耐高温黄豆香液体香精香料	0.03	花椒油树脂	0.01
耐高温强化后味鸡肉粉状香精香料	0.1	防腐剂	按照国家相关标准添加

产品特点：独具一格的麻辣味。

6. 休闲调味麻辣味鸡蛋干配方2(表3-369)

表3-369 休闲调味麻辣味鸡蛋干配方2

原料	生产配方/kg	原料	生产配方/kg
鸡蛋干	20	姜粉	0.05
食盐	0.3	水溶性辣椒提取物	0.04
酱油	0.1	油溶性辣椒提取物	0.01
复合香辛料	0.05	乙基麦芽酚	0.001
植物油	1.5	耐高温鸡肉膏状乳化类香精香料	0.08
辣椒籽油	0.06	增鲜剂	0.02
耐高温清香鸡肉液体香精香料	0.01	增香剂	0.04
谷氨酸钠	0.3	青花椒粉	0.07
I+G	0.01	白砂糖	0.4
海南黑胡椒粉	0.05	防腐剂	按照国家相关标准添加
耐高温强化后味鸡肉粉状香精香料	0.06	青花椒油树脂	0.01

产品特点：辣而持久、麻而不苦，回味及后味成为典型，不具有香精香料的明显风味。

7. 休闲调味麻辣味鸡蛋干配方3(表3-370)

表3-370 休闲调味麻辣味鸡蛋干配方3

原料	生产配方/kg	原料	生产配方/kg
鸡蛋干	20	芥末粉	0.05
耐高温葱香牛肉膏状香精香料	0.06	水溶性辣椒提取物	0.02
食盐	0.3	豆豉粉	0.06
红葱精油	0.05	油溶性辣椒提取物	0.02
复合香辛料	0.02	乙基麦芽酚	0.001

续表

原料	生产配方/kg	原料	生产配方/kg
植物油	2	耐高温牛肉增香粉状香精香料	0.01
芹菜籽油	0.02	增鲜剂	0.02
耐高温醇香牛肉液体香精香料	0.01	增香剂	0.04
谷氨酸钠	0.4	大红袍花椒粉	0.07
I+G	0.01	白砂糖	0.3
海南黑胡椒粉	0.05	防腐剂	按照国家相关标准添加
耐高温强化后味粉状香精香料	0.08	酵母味素	0.01

产品特点:具有特色的麻辣味口味,葱香将其柔和的肉味、葱味复合成为麻辣典型。

8. 休闲调味麻辣味鸡蛋干配方4(表3-371)

表3-371 休闲调味麻辣味鸡蛋干配方4

原料	生产配方/kg	原料	生产配方/kg
鸡蛋干	20	甜味剂	0.005
耐高温葱香鸡肉膏状香精香料	0.03	水溶性辣椒提取物	0.02
食盐	0.25	酸味剂	0.005
红葱精油	0.06	油溶性辣椒提取物	0.02
复合香辛料	0.04	复合磷酸盐	0.001
植物油	2.1	耐高温鸡肉增香粉状香精香料	0.02
乙基麦芽酚	0.005	增鲜剂	0.01
水溶性青花椒粉	0.01	增香剂	0.01
谷氨酸钠	0.3	甜味香辛料	0.002
I+G	0.01	白砂糖	0.3

续表

原料	生产配方/kg	原料	生产配方/kg
水溶性海南黑胡椒粉	0.02	防腐剂	按照国家相关标准添加
耐高温强化后味粉状香精香料	0.03	酵母味素	0.01

产品特点:鸡肉香味突出。

9. 休闲调味麻辣鸡汁味鸡蛋干配方(表3-372)

表3-372　休闲调味麻辣鸡汁味鸡蛋干配方

原料	生产配方/kg	原料	生产配方/kg
鸡蛋干	20	耐高温强化后味鸡肉粉状香精香料	0.06
耐高温鸡肉膏状乳化类香精香料	0.03	甜味剂	0.005
食盐	0.22	水溶性辣椒提取物	0.03
红葱精油	0.02	耐高温鸡肉增香粉状香精香料	0.02
生姜粉	0.004	油溶性辣椒提取物	0.02
植物油	1.3	白砂糖	0.3
乙基麦芽酚	0.005	防腐剂	按照国家相关标准添加
大红袍花椒粉	0.02	增鲜剂	0.01
谷氨酸钠	0.4	耐高温增香鸡肉香精香料	0.002
I+G	0.01	增香剂	0.01
海南黑胡椒粉	0.02	酵母味素	0.01

产品特点:以上是麻辣味、鸡肉味复合为一体的特色麻辣鸡蛋干风味。这也是椒香、烤香、醇香、焦香等麻辣风味的调味参考配方。

10. 休闲调味麻辣鸭脖味鸡蛋干配方(表3-373)

表3-373 休闲调味麻辣鸭脖味鸡蛋干配方

原料	生产配方/kg	原料	生产配方/kg
鸡蛋干	20	耐高温强化后味鸡肉粉状香精香料	0.06
耐高温鸭肉膏状乳化类香精香料	0.05	甜味剂	0.002
食盐	0.22	水溶性辣椒提取物	0.02
红葱香精香料	0.002	耐高温鸭肉增香粉状香精香料	0.02
生姜粉	0.004	油溶性辣椒提取物	0.04
植物油	1.6	白砂糖	0.25
乙基麦芽酚	0.003	防腐剂	按照国家相关标准添加
青花椒粉	0.04	增鲜剂	0.02
谷氨酸钠	0.4	耐高温鸭肉液体香精香料	0.002
I+G	0.01	增香剂	0.02
海南黑胡椒粉	0.03	耐高温鸭肉膏状乳化类香精香料	0.01

产品特点:体现了鸭肉风味和辣味、麻味、肉的后味之间的结合。

11. 休闲调味青椒牛肉味鸡蛋干配方(表3-374)

表3-374 休闲调味青椒牛肉味鸡蛋干配方

原料	生产配方/kg	原料	生产配方/kg
鸡蛋干	20	谷氨酸钠	0.3
青辣椒酱	0.12	I+G	0.01
食盐	0.22	海南黑胡椒粉	0.02
烤牛肉醇香液体香精香料	0.002	耐高温牛肉膏状乳化类香精香料	0.06
青椒液体香精香料	0.004	甜味剂	0.002

续表

原料	生产配方/kg	原料	生产配方/kg
植物油	1.8	耐高温青椒增香粉状香精香料	0.02
乙基麦芽酚	0.003	白砂糖	0.25
青花椒粉	0.02	防腐剂	按照国家相关标准添加

产品特点:具有青辣椒的香味、牛肉的香味复合而成的独具一格的典型风味。

12. 休闲调味辣子鸡味鸡蛋干味配方(表3-375)

表3-375　休闲调味辣子鸡味鸡蛋干味配方

原料	生产配方/kg	原料	生产配方/kg
鸡蛋干	20	谷氨酸钠	0.4
辣椒酱	0.08	I+G	0.01
食盐	0.22	海南黑胡椒粉	0.02
复合香辛料	0.1	朝天椒辣椒粉	0.12
烤鸡肉液体香精香料	0.002	耐高温鸡肉膏状乳化类香精香料	0.06
水溶性辣椒提取物	0.02	热反应鸡肉粉状香精香料	0.04
植物油	1.4	耐高温鸡肉增香粉状香精香料	0.2
青花椒粉	0.02	白砂糖	0.3
油溶性辣椒提取物	0.04	防腐剂	按照国家相关标准添加

产品特点:克制了辣子鸡风味鸡蛋干的苦味。

13. 休闲调味麻辣鸡汁味鸡蛋干配方(表3-376)

表3-376　休闲调味麻辣鸡汁味鸡蛋干配方

原料	生产配方/kg	原料	生产配方/kg
鸡蛋干	20	谷氨酸钠	0.3

续表

原料	生产配方/kg	原料	生产配方/kg
复配酱香鸡肉粉状香精香料	0.06	I+G	0.01
食盐	0.22	海南黑胡椒粉	0.02
复合香辛料	0.14	朝天椒辣椒粉	0.16
烤鸡肉液体香精香料	0.002	耐高温鸡肉膏状乳化类香精香料	0.04
水溶性辣椒提取物	0.02	增香剂	0.02
植物油	1.6	白砂糖	0.3
青花椒粉	0.02	防腐剂	按照国家相关标准添加
油溶性辣椒提取物	0.04		

产品特点:具有典型的酱香鸡肉味。

14. 休闲调味香辣味鸡蛋干配方1(表3-377)

表3-377 休闲调味香辣味鸡蛋干配方1

原料	生产配方/kg	原料	生产配方/kg
鸡蛋干	20	I+G	0.01
耐高温芝麻香精香料	0.002	海南黑胡椒粉	0.11
食盐	0.24	二荆条辣椒粉	0.12
复合香辛料	0.03	黑芝麻酱	0.1
椒香强化液体香精香料	0.004	耐高温椒香牛肉膏状香精香料	0.05
水溶性辣椒提取物	0.02	增鲜剂	0.02
植物油	2.2	白砂糖	0.4
大红袍花椒粉	0.02	防腐剂	按照国家相关标准添加
油溶性辣椒提取物	0.02	品质改良剂	按照国家相关标准添加
谷氨酸钠	0.28		

产品特点：具有椒香、芝麻香、牛肉香复合为一体的香辣特色风味。

15. 休闲调味香辣味鸡蛋干配方2(表3－378)

表3－378　休闲调味香辣味鸡蛋干配方2

原料	生产配方/kg	原料	生产配方/kg
鸡蛋干	20	I+G	0.01
酱油	0.06	葱白粉	0.08
耐高温强化后味鸡肉粉状香精香料	0.05	海南白胡椒粉	0.1
食盐	0.31	朝天椒辣椒籽粉	0.15
清香型青花椒树脂精油	0.002	豆豉酱	0.1
水溶性辣椒提取物	0.02	耐高温鸡肉膏状香精香料	0.04
植物油	1.3	增香剂	0.02
青花椒粉	0.01	白砂糖	0.35
油溶性辣椒提取物	0.02	防腐剂	按照国家相关标准添加
谷氨酸钠	0.36	香菜籽精油	0.02

产品特点：具有典型的香辣特点。

16. 休闲调味酸辣味鸡蛋干配方(表3－379)

表3－379　休闲调味酸辣味鸡蛋干配方

原料	生产配方/kg	原料	生产配方/kg
鸡蛋干	20	I+G	0.01
食盐	0.35	泡姜	0.08
耐高温鸡肉膏状乳化类香精香料	0.05	泡椒香精香料	0.02
水溶性辣椒提取物	0.02	增鲜剂	0.04
耐高温牛肉膏状乳化类香精香料	0.04	泡菜酱	0.1

续表

原料	生产配方/kg	原料	生产配方/kg
食用乳酸 80%	0.02	甜味剂	0.004
植物油	1.5	增香剂	0.02
泡辣椒	0.4	白砂糖	0.38
油溶性辣椒提取物	0.02	防腐剂	按照国家相关标准添加
谷氨酸钠	0.3	乙基麦芽酚	0.02

产品特点：酸味、辣味、牛肉味、鸡肉味复合为一体，掩盖鸡蛋腥味、苦味，持久的酸辣风味成为该口味的最具特点的调味绝密。

17. 休闲调味火锅味鸡蛋干配方（表 3－380）

表 3－380　休闲调味火锅味鸡蛋干配方

原料	生产配方/kg	原料	生产配方/kg
鸡蛋干	20	谷氨酸钠	0.4
食盐	0.4	I＋G	0.01
火锅风味复配香辛料	0.15	大葱油	0.02
耐高温火锅增香膏状香精香料	0.06	增鲜剂	0.04
水溶性辣椒提取物	0.03	郫县豆瓣酱	0.2
耐高温火锅香味香精香料	0.09	醪糟	0.12
牛油	0.06	老姜	0.12
植物油	1.1	白砂糖	0.3
朝天椒辣椒粉	0.4	防腐剂	按照国家相关标准添加
油溶性辣椒提取物	0.02	乙基麦芽酚	0.02

产品特点：具有纯正火锅风味。

18. 休闲调味红烧牛肉味鸡蛋干配方(表 3－381)

表 3－381　休闲调味红烧牛肉味鸡蛋干配方

原料	生产配方/kg	原料	生产配方/kg
鸡蛋干	20	油溶性辣椒提取物	0.02
食盐	0.36	谷氨酸钠	0.32
八角粉	0.02	I＋G	0.01
耐高温红烧牛肉膏状香精香料	0.05	红葱香精香料	0.02
水溶性辣椒提取物	0.01	增鲜剂	0.04
耐高温红烧牛肉粉状香精香料	0.03	海南黑胡椒粉	0.03
牛油	0.02	乙基麦芽酚	0.02
植物油	1.3	白砂糖	0.42
朝天椒辣椒粉	0.3	防腐剂	按照国家相关标准添加

产品特点:红烧牛肉风味鸡蛋干是个性化口味研发的典型体现,是衍生口味的研发参考配方。

19. 休闲调味野山椒味鸡蛋干配方(表 3－382)

表 3－382　休闲调味野山椒味鸡蛋干配方

原料	生产配方/kg	原料	生产配方/kg
鸡蛋干	20	谷氨酸钠	0.36
食盐	0.42	I＋G	0.01
80%食用乳酸	0.01	椒香强化液体香精香料	0.02
野山椒	0.32	增鲜剂	0.02
耐高温野山椒提取物	0.02	乙基麦芽酚	0.02
水溶性辣椒提取物	0.02	白砂糖	0.28
耐高温清香鸡肉液体香精香料	0.002	防腐剂	按照国家相关标准添加
植物油	1.2		

产品特点:具有纯天然野山椒发酵所具有的辣味。

20. 休闲调味山椒风味鸡蛋干配方(表 3-383)

表 3-383　休闲调味山椒风味鸡蛋干配方

原料	生产配方/kg	原料	生产配方/kg
鸡蛋干	20	谷氨酸钠	0.3
食盐	0.4	I+G	0.01
80%食用乳酸	0.01	泡椒液体香精香料	0.02
野山椒	0.36	增鲜剂	0.02
耐高温野山椒提取物	0.03	乙基麦芽酚	0.02
水溶性辣椒提取物	0.03	白砂糖	0.28
耐高温烧鸡香型液体香精香料	0.002	防腐剂	按照国家相关标准添加
植物油	1		

产品特点:具有山椒的香味、较重的辣味。

21. 休闲调味泡椒味鸡蛋干配方 1(表 3-384)

表 3-384　休闲调味泡椒味鸡蛋干配方 1

原料	生产配方/kg	原料	生产配方/kg
鸡蛋干	20	谷氨酸钠	0.4
食盐	0.43	I+G	0.01
80%食用乳酸	0.01	泡姜	0.12
泡辣椒	0.5	增鲜剂	0.04
野山椒	0.21	增香剂	0.01
泡椒香精香料	0.03	乙基麦芽酚	0.02
水溶性辣椒提取物	0.04	白砂糖	0.32
耐高温烤牛肉香型液体香精香料	0.002	防腐剂	按照国家相关标准添加
植物油	1.3		

产品特点:纯正的柔和持久的辣味、酸味、烤牛肉香味聚一体,成为典型的泡椒味。

22. 休闲调味泡椒味鸡蛋干配方2(表3-385)

表3-385 休闲调味泡椒味鸡蛋干配方2

原料	生产配方/kg	原料	生产配方/kg
鸡蛋干	20	I+G	0.01
食盐	0.4	泡姜	0.08
泡辣椒	0.42	增鲜剂	0.04
野山椒	0.15	增香剂	0.01
泡椒香精香料	0.03	乙基麦芽酚	0.02
水溶性辣椒提取物	0.04	白砂糖	0.24
耐高温清香鸡肉香型液体香精香料	0.002	防腐剂	按照国家相关标准添加
植物油	1.6	泡菜液体香精香料	0.03
谷氨酸钠	0.33		

产品特点:纯天然发酵的泡椒、泡菜风味融合清香鸡肉风味。

23. 休闲调味泡菜味鸡蛋干配方(表3-386)

表3-386 休闲调味泡菜味鸡蛋干配方

原料	生产配方/kg	原料	生产配方/kg
鸡蛋干	20	谷氨酸钠	0.42
食盐	0.36	I+G	0.01
泡辣椒	0.36	泡姜	0.11
泡菜	0.42	增鲜剂	0.06
野山椒	0.16	增香剂	0.02
泡椒香精香料	0.03	乙基麦芽酚	0.02
80%食用乳酸	0.01	白砂糖	0.44

续表

原料	生产配方/kg	原料	生产配方/kg
水溶性辣椒提取物	0.04	防腐剂	按照国家相关标准添加
耐高温葱香牛肉香型液体香精香料	0.002	泡菜液体香精香料	0.05
植物油	1.8		

产品特点:具有辣泡菜的特征体现。

24. 休闲调味藤椒味鸡蛋干配方(表3-387)

表3-387　休闲调味藤椒味鸡蛋干配方

原料	生产配方/kg	原料	生产配方/kg
鸡蛋干	20	耐高温椒香香型液体香精香料	0.002
食盐	0.42	植物油	1.3
藤椒油	0.05	谷氨酸钠	0.4
藤椒粉	0.02	I+G	0.01
复合磷酸盐	0.002	增香剂	0.02
青花椒香型香精香料	0.002	乙基麦芽酚	0.02
水解植物蛋白粉	0.01	白砂糖	0.32
水溶性辣椒提取物	0.02	防腐剂	按照国家相关标准添加

产品特点:藤椒香型比较明显,吃完无苦口感。

25. 休闲调味青椒味鸡蛋干配方(表3-388)

表3-388　休闲调味青椒味鸡蛋干配方

原料	生产配方/kg	原料	生产配方/kg
鸡蛋干	20	耐高温椒香香型液体香精香料	0.002
食盐	0.42	植物油	1.6

续表

原料	生产配方/kg	原料	生产配方/kg
青花椒油	0.02	谷氨酸钠	0.37
青花椒粉	0.02	I+G	0.01
清香型青花椒树脂精油	0.002	增香剂	0.02
强化后味鸡肉粉状香精香料	0.1	乙基麦芽酚	0.02
青花椒香型香精香料	0.002	白砂糖	0.38
油溶辣椒提取物	0.01	防腐剂	按照国家相关标准添加
水溶性辣椒提取物	0.02		

产品特点:后味突出、持久麻辣。

休闲鸡蛋干消费优势:①餐饮消费的升级,休闲鸡蛋干成为即食菜,是提高档次的新菜品,消费需求越来越大;②自热烧烤采用鸡蛋干能得到独特的口感;③自热火锅的新配菜,搭配优于豆腐干,提高自热食品的档次;④自热重庆小面独特中的休闲鸡蛋干形成吃法热点,消费的新吃法;⑤自热钵钵鸡中加入休闲鸡蛋干可提高口感,造就新的消费体验;⑥自热麻辣烫等自热食品都可广泛使用鸡蛋干,已经得到很好的认可,作为自热米饭的配菜也很理想。

四、休闲调味鸡蛋干生产注意事项

1. 鸡蛋干调味技巧及措施

笔者根据多年经验针对鸡蛋干调味特总结了以下技巧和处理措施,以提高鸡蛋干制品的风味和品质。

(1)鸡蛋干调味技巧

①掩盖鸡蛋腥味。影响鸡蛋干鸡蛋腥味的操作主要在于鲜味原料的调配、复合香辛料的合理应用、复合氨基酸的复合呈味、加工鸡蛋干的温度处理、关键肉粉的应用。有效利用好这些措施可以将鸡蛋干的鸡蛋腥味降到极低,实现有效掩盖鸡蛋味的目的。

②消费者熟悉风味的研发。将鸡蛋干做成消费者熟悉的牛排香味、辣椒香味、糊辣椒香味、五香风味、鸡肉风味、回锅肉风味、腊肉风

味、烤肉风味、手撕鸡风味等，以满足消费者的不同需求。

③后味优化。后味是目前鸡蛋干的一大缺点，也是多家产品的难题，尤其是高温杀菌之后一些后味荡然无存，后味优化势在必行。复合香辛料的应用、复合氨基酸的应用、肉粉的合理应用、牛排香味天然香料和炖煮牛肉香味香料合理应用即可实现后味的优化。

④缓释调配。将具有缓慢释放作用的原料用于鸡蛋干调味，实现调味过程中鸡蛋干风味的缓慢释放，添加在其中的香辛料如辣椒等不具有明显的辣味，而鸡蛋干具有丰富的香辛料特征风味，这样的调配得到的风味才是理想的持久的风味。

⑤辣味复合自然纯正。当前市面上很多鸡蛋干的辣味刺激，经常出现不愉快的特点，要想实现辣味自然，不再是单一辣椒的辣味，就要采用复合香料。采用蒜类、姜类、椒类等复合成为独特辣味，同时将水溶的辣味成分与油溶性辣味结合，这样形成的辣味比较自然。

⑥协调异味去除。采用洋葱、大葱、胡椒、料酒等去除鸡蛋腥味及其不良异味，将其不良风味降到最低，这对于协调鸡蛋干整体风味非常重要。

⑦复合鲜味口感。将蛋类蛋白和一些呈鲜原料结合起来产生特殊的口感，使鲜味独树一帜，复合鲜味不口干，蛋鲜比较舒服。尤其是一些菌类鲜味蛋白、肉类鲜味蛋白、海鲜类鲜味蛋白复合蛋制品鲜味的变化不是一般的谷氨酸钠系列所能实现的，是调味诀窍的体现，也是鸡蛋干口感提升的必备之路。

⑧耐高温调配及工艺处理。对于蛋制品的耐高温调味不在于调味成本的高低，而在于所选择的原料。调味原料选择得当，成本不至于很高，耐高温杀菌之后效果非常好，这就是调配的关键。一些鸡蛋干采用大量的不耐高温原料，刚调出来味道十分好，可是经过高温杀菌之后味道一般，这就是产品质量好坏的区别之一，也是当前鸡蛋干风味参差不齐的原因之所在。耐高温调配对于鸡蛋干非常重要，是所有鸡蛋干生产企业都要面临的难题。针对生产过程中的杀菌设备的特殊性要做相应的工艺处理，尤其是升温时间调整，无论是杀菌的水还是蒸汽都要控制好升温的时间，保证杀菌彻底。

⑨工艺优化实现调配规范化。将生产工艺优化,环节集约化,实现简便流程,这对鸡蛋干制作规范化至关重要。唯有实现规范化才能更好地实现产品优化流程。配料也要实现标准化作业。如某几类配料的一次性复配,直接使用就比较方便。

(2)优化鸡蛋干调味措施

①选定区域性开发。当前鸡蛋干休闲产品参差不齐,难以形成主导的竞争力,选定区域定性开发至关重要。将一个地区做成试点,通过产品质量实现市场的认可才是关键。

②针对性的调味平衡。将某一地区的调味平衡,形成让诸多消费者接受的调味,实现满足更多消费者的调味,仅仅从某一地区实现相应的风味调配来针对性地做调味单品,实现独特风味。

③应用盲测判断调味结果。对于调配的产品风味通过盲测实现消费者的认可,真正通过消费者来决定产品的认可度,由盲测结果说了算,这就是实现由产品质量说话的有效措施。

④修改不合理的调味原料。对调味过程中使用不合理的原料进行修改,如调味过程中水溶部分原料较少,油溶原料使用比例较多,香辛料使用比例不协调等不合理之处,修改后重新调味对比即可。

⑤工艺流程针对调味标准化。工艺流程的变化使其调味原料实现标准化,标准化添加将使流程简便可行,尤其是一些餐饮或者传统调味方式的改变,如一些山椒风味的调配需要长时间的泡制入味,改进成为一次性拌制入味大大降低了工作量,而且容易实现风味的标准化。

⑥优化呈味鸡蛋干风味形成研究。复合的香辛料、油脂、鲜味原料、风味渗透的因子和缓慢释放的风味因子综合形成鸡蛋干的独特风味,尤其是如何将蛋类蛋白的风味与复合调味料及其调味料中的水相油相协调一致是鸡蛋干风味形成的成败之关键,这也是不是所有鸡蛋干味道都能使消费者满意的原因之一。

⑦单品出奇致胜的研究。实现单品出奇制胜必须是根据消费者生活习惯和饮食结构,将消费者熟悉的风味应用于鸡蛋干产品,这才

是通过消费者熟悉的风味来推广休闲鸡蛋干单品精品化发展思路，如采用目前推广比较成熟的糊辣椒香味造就独特鸡蛋干风味，再如烤香牛排香味应用于鸡蛋干的调味经典，再如家庭炒制辣椒香味的应用，这些都是在传统风味上创新，出奇制胜。

⑧终端认可至上的调味。所有的调味过程产生的结果就是终端至上，只有也唯有消费者终端不断认可才能实现产品重复消费的事实，没有消费者的认可一切都是徒劳。如何实现消费者认可，关键在于消费者熟悉风味的研发，越接近越容易成功。

⑨创鸡蛋干精品之路。根据调味技巧和措施来创造鸡蛋干精品，满足更多消费者的需要。一味降低价格的产品并不会在市场上持续畅销，唯有质量好，味道美的精品才能取胜。

⑩消费者认可方入市场。只有开发的产品消费者认可才能进入市场，这样避免大量的投入而产出极其微少的现象。鸡蛋干产品也是这样的，消费者不认可千万不要进入市场。

⑪品质盲测优于现有市场上所有同类口味。鸡蛋干精品必须要经过严格的盲测，其结果要优于市场上所有的同类产品，只有这样才能有优势。

⑫单一口味致胜法。单一口味必须胜于其他多种口味，只有单一口味成功才能带动其他口味的发展，没有单一的口味作为主打，其他口味也只会流星般的消失。

⑬精耕细作极少数精品。对于精品需要的是精耕细作，唯有对市场上的精品做好维护才能长久立足于市场。且不可恶性竞争。不是低价倾销而是以我为主的引导消费。唯有自己才是真正的竞争对手，唯有品质经得起考验才是未来的出路。针对这可以制订中长期计划，为系列产品发展留下长远计划。

综上是笔者长期从事于鸡蛋干调味的一些技巧和思路的总结，期待能帮助一些鸡蛋干制品企业走出困境、展望未来，不断造就精品征服消费者。

2. 鸡蛋干风味现状及创新思路

鸡蛋干以麻辣、香辣、烧烤、山椒、孜然、五香、卤香等风味居多，当前存在现状不容乐观,仅从技术层面提供分析如下,以供从事鸡蛋干调味的人员学习借鉴。

(1)鸡蛋干风味现状

①多而不精。鸡蛋干在市场上种类繁多,价格相差无几,品质优势荡存,鱼目混珠现象严重,这就是鸡蛋干多而不精的现实。很多企业不愿意接受这一事实,大多在不断做垂死挣扎,多而不精让我们感到行业之担忧,无比困惑难以言表,这就是当今鸡蛋干的现状之一。

②风味不能满足消费者的需要。消费者需要的是天然纯正清香、后味较足、回味无穷的口感,而不是一些产品采用香精味飘香让消费者吃后不愉快、不舒服的感觉,尤其在加上一些产品的油腻,这根本不是消费者真正需要的味道。这方面值得同行不断反思,也是一些企业销售一直不畅的原因之一,香料味不是多多益善而是恰到为止,美味再好也要自然醇和。

③缺乏消费者熟悉的容易接受的风味。消费者熟悉的风味是消费者容易接受的主要原因,可是市场上鸡蛋干产品在这方面的现象同行可以见证,如烤香大蒜风味、腊肉香味、火腿香味、烤牛排香味、清炖鸡香味、天然五香风味、烤鸡脂香味、烤辣椒香味、回锅肉香味等,这些都是消费者很熟悉的,也是未来成就极少数鸡蛋干品牌的典范,只有消费者熟悉的风味才能做成产品的标志,才能不断成就一个行业的发展。

④风味不持久。很多鸡蛋干产品风味不持久,主要是生产企业对这方面调味研究的比较薄弱,这也是难以取胜其他品牌的原因,众多同行有此同感。

⑤口感和风味不协调。口感和风味不协调尤其出现在产品杀菌之后,上市之后比较明显。很多调味研究者将味道调配得很好,可是由于高温杀菌的破坏导致产品调味后的变化较大,使得产品不能取悦于消费者导致市场节节败退。

⑥缺乏回味。当前市场上的鸡蛋干产品将近70%缺乏回味这是不争的事实,也是这个行业值得反思的方面之一,这导致行业难以形成具有竞争力的产品的技术瓶颈。诸多企业投入巨资研究一时难以

得到最新成果,原因在于研究的角度和方法,专家学者的出发点和方式方法不一样从而难以实现,这也是一些高等院校和研究机构比较困惑的原因之所在。这方面有赖于借鉴一些先进的分子级的分析在调味方面的结合,可以将肉类的口感和香味转移到鸡蛋干的研究,这样必然成为同行所关注的热点和亮点,这也是改变回味的良好契机。尤其是复合氨基酸具有肉类的特征,应用到鸡蛋干调味过程能够提高回味,产生奇特的效果。

⑦风味没有代表性。市场上的产品有数百个风味,消费者乐于接受的具有代表性的风味却寥寥无几,这一现状也是笔者不断在思索的问题。尤其是原料使用过程中诸多人在不断选择形形色色的原料,误用和滥用难以成为标致性的特点,导致没有什么代表性的风味也很正常。

⑧风味特征不明显。风味特征尤其是一些鸡肉味实际上只有淡淡的鸡肉香精风味或者只有浓烈的香精味,这样的风味特征极其不明显。消费者比较熟悉的风味特征难以形成,就是形成也是极其微弱,这就难以形成明显的风味特征,再加上应用一些低值的原料根本不可能形成明显的特征风味。

⑨风味畅销难。市场上诸多品牌畅销比较难,尤其是吃好的今天只有靠产品说话才能实现畅销,这是多数鸡蛋干生产异常困难的原因之一。

(2)鸡蛋干创新思路

面对鸡蛋干的现状,我们唯一可做的就是创新,根据消费者需要不断创新才是出路。

①摸清消费者的真正需求。通过对当前消费者的需求分析,搞清楚当前消费者对蛋制品的需求意见和建议,只有把握消费者的真正需求才能更进一步实现美味的鸡蛋干调味,只有这样才能实现鸡蛋干的定位。

②对鸡蛋干使用内外兼调的方式。针对鸡蛋干内部风味比较弱的特点采用内外兼调的方式,让吃到的鸡蛋干不是简单的外在风味,内部风味依然存在,这就是传统鸡蛋干的创新。

③持久回味的方式。将鸡蛋干调味过程中的一些呈味因子渗透能力进行排序,如何实现风味物质的渗透,再就是如何采用缓慢释放的风味因子制约部分风味散失比较快的难题,同时将一些延长回味的调味原料加以应用,达到持久回味的目的。这方面对于鸡蛋干立足于市场非常重要。

④创新消费者熟悉的风味而不是香精味。将消费者熟悉的泡辣椒、泡青菜、酸辣椒、烤辣椒、青花椒、烤肠、烧烤孜然、牛排、天然五香风味等塑造在鸡蛋干之上才是创新之关键,消费者越熟悉、市场认可度越高,成功率越高。

⑤创新消费者需求量少味好的特点。在这个吃货的年代,人们更倾向于量少而味美的产品,这是未来鸡蛋干产品的发展趋势。这迫切需要鸡蛋干产品做少做精,美味经典。

⑥自动化程度再高一些。自动化生产程度将不断实现,这是未来鸡蛋干休闲化、精品化发展必备之路。

⑦生产条件改善,品质改进。随着 GMP 规范化的推进,部分企业生产的品质也大大提高,这将是不断实现高品质生活需要的过程,也是未来鸡蛋干实业做大做强做专做精的必然结果。

⑧创新食用方法的推进。对鸡蛋干的休闲吃法还有很多空间值得借鉴,尤其是一些独特的食用方法将会是休闲的一大特征。针对鸡蛋干的现状和创新思路作出相应的调整,整合当前鸡蛋干市场资源,成就一流品牌,造就一流产品,成就一流市场,这才是鸡蛋干的出路,而不是低价竞争、恶争市场份额。

第三十五节　休闲调味黄花菜

一、休闲调味黄花菜生产工艺流程

黄花菜→清理→切细→炒制或者熟制→调味→包装→高温杀菌→检验→喷码→检查→装箱→封箱→加盖生产合格证→入库

二、休闲调味黄花菜生产技术要点

1. 黄花菜清理

将黄花菜清理干净，目前大多数企业是采用干制好的黄花菜来发水，再清理掉一些腐烂物和异物，便于进行加工。

2. 切细

将黄花菜切细或者切成段。

3. 炒制或者熟制

对黄花菜进行熟制到直接可以食用即可。如果采用煮熟的办法，可以先煮熟再切细。炒制则需要先切细再炒熟。

4. 调味

按照配方进行调味，将调味原料混合到黄花菜之中，让黄花菜段充分吸收。

5. 包装

采用真空包装的袋装或者玻璃瓶装。

6. 高温杀菌

采用蔬菜常用的杀菌方式，90℃杀菌12min较好。根据不同的包装杀菌方式稍作变化，杀菌之后立即冷却黄花菜口感较好。

三、休闲调味黄花菜生产配方

1. 休闲调味山椒味黄花菜配方2(表3－389)

表3－389　休闲调味山椒味黄花菜配方

原料	生产配方/kg	原料	生产配方/kg
食盐	0.3	谷氨酸钠	0.2
煮熟后的黄花菜	20	I+G	0.01
鸡脂香液体香精香料	0.1	天然辣椒提取物	0.012
野山椒	2.5	复合酸味剂	0.1
缓慢释放风味肉粉	0.2	野山椒香味提取物	0.01

产品特点:具有典型山椒风味的黄花菜口感和滋味。

2. 休闲调味香辣黄花菜配方1(表3-390)

表3-390 休闲调味香辣黄花菜配方1

原料	生产配方/kg	原料	生产配方/kg
煮熟后的黄花菜	100	柠檬酸	0.2
香辣风味天然香辛料	0.1	I+G	0.045
香辣香味提取物	0.2	乙基麦芽酚	0.02
辣椒香味提取物	0.002	水溶辣椒提取物	0.2
强化香味天然香辛料	0.03	白砂糖	2.1
麻辣专用调味油	0.2	麻辣黄花菜专用调味原料	0.02
谷氨酸钠	0.9	品质改良剂	按照国家相关标准添加
缓慢释放风味肉粉	0.3		

产品特点:具有香辣特征风味。

3. 休闲调味香辣黄花菜配方2(表3-391)

表3-391 休闲调味香辣黄花菜配方2

原料	生产配方/kg	原料	生产配方/kg
食用油	2.2	白砂糖	1.3
复合香辛料香味提取物	0.02	水溶辣椒提取物	0.2
香辣专用调味油	0.3	缓慢释放风味肉粉	0.2
辣椒香味提取物	0.04	山梨酸钾	按照国家相关标准添加
切细的黄花菜	80	品质改良剂	按照国家相关标准添加
谷氨酸钠	5		

产品特点:具有香辣风味特征和滋味。配方稍加改变即可得到多个口味的产品,尤其是瓶装产品需要将食用油的比例提高,以保证装瓶之后的美观。

4. 休闲调味麻辣黄花菜配方(表 3－392)

表 3－392　休闲调味麻辣黄花菜配方

原料	生产配方/kg	原料	生产配方/kg
食用油	3.2	谷氨酸钠	5
青花椒香味提取物	0.02	白砂糖	1.3
麻辣专用调味油	0.3	水溶辣椒提取物	0.2
鲜花椒提取物	0.4	缓慢释放风味肉粉	0.2
辣椒香味提取物	0.04	山梨酸钾	按照国家相关标准添加
切细的黄花菜	78	品质改良剂	按照国家相关标准添加

产品特点:具有麻辣风味特征。

四、休闲调味黄花菜生产注意事项

黄花菜系列产品的深度开发极少,尤其是休闲系列,有待于更高品质的开发。休闲黄花菜可以作为即食菜、馒头配菜、煎饼配菜、面食配菜、米饭配菜等,还可以升级成为自热烧烤、自热火锅、自热米饭等自热食品的配菜,形成创新需求新趋势。

第三十六节　休闲调味酸菜

按照比较成熟的生产方式去生产,用产品质量说话。当前是味道取胜的时代,消费者不在乎数量而在乎味道和品质。

一、休闲调味酸菜生产工艺流程

酸菜→清理→切细→炒制或者不炒制→调味→包装→高温杀菌→检验→喷码→检查→装箱→封箱→加盖生产合格证→入库

二、休闲调味酸菜生产技术要点

1. 酸菜清理

清理掉酸菜中不能食用的部分。

2. 切细

将酸菜切细以便食用。

3. 炒制或者不炒制

将酸菜炒制后调味,或者直接拌调味料调味,根据需求进行生产。

4. 调味

将所有原料混合均匀即可,这就得到味道一致的休闲调味酸菜。

5. 包装

采用真空包装的袋装或者玻璃瓶装。

6. 高温杀菌

采用水浴杀菌,建议90℃,14min作参考。

三、休闲调味酸菜生产配方

1. 休闲调味香辣酸菜配方1(表3-393)

表3-393 休闲调味香辣酸菜配方1

原料	生产配方/kg	原料	生产配方/kg
脱盐后的酸菜丝	15	天然辣椒提取物	0.01
山椒泥	2	山梨酸钾	按照国家相关标准添加
缓慢释放风味肉粉	0.02	脱氢乙酸钠	按照国家相关标准添加
谷氨酸钠	0.2	柠檬酸	0.001
I+G	0.01	辣椒红色素	0.02

产品特点:具有独特口感的香辣风味。

2. 休闲调味香辣酸菜配方2(表3－394)

表3－394 休闲调味香辣酸菜配方2

原料	生产配方/kg	原料	生产配方/kg
脱盐后的酸菜丝	100	水溶辣椒提取物	0.3
谷氨酸钠	0.9	白砂糖	2.3
缓慢释放风味肉粉	0.5	麻辣专用调味原料	0.02
柠檬酸	0.2	辣椒香味提取物	0.002
辣椒油	3.2	辣椒红色素	适量
I＋G	0.04	山梨酸钾	按照国家相关标准添加
乙基麦芽酚	0.02	品质改良剂	按照国家相关标准添加

产品特点：香辣风味突出，具有传统香辣口感特征。

3. 休闲调味麻辣酸菜配方3(表3－395)

表3－395 休闲调味麻辣酸菜配方3

原料	生产配方/kg	原料	生产配方/kg
食用油	11	水溶辣椒提取物	0.14
酸菜丝	80	缓慢释放风味肉粉	0.2
辣椒	2.5	辣椒红色素150E	0.01
谷氨酸钠	5	辣椒天然香味物质	0.001
白砂糖	1	花椒	0.4

产品特点：具有典型的辣椒和花椒可以直接吃的麻辣风味。

4. 休闲调味香辣酸菜配方4(表3－396)

表3－396 休闲调味香辣酸菜配方4

原料	生产配方/kg	原料	生产配方/kg
食用油	10	水溶辣椒提取物	0.14
酸菜丝	75	缓慢释放风味肉粉	0.2

续表

原料	生产配方/kg	原料	生产配方/kg
辣椒	2.1	辣椒红色素150E	0.01
谷氨酸钠	5	辣椒天然香味物质	0.001
白砂糖	1		

产品特点:具有香辣特征,辣椒可以直接吃而不辣。

5.休闲调味香辣酸菜配方5(表3-397)

表3-397 休闲调味香辣酸菜配方5

原料	生产配方/kg	原料	生产配方/kg
脱盐后的酸菜丝	100	I+G	0.04
专用复合香辛料	0.1	乙基麦芽酚	0.02
黑胡椒粉	0.08	水溶辣椒提取物	0.3
鸡脂香味料	0.001	白砂糖	2.3
谷氨酸钠	0.9	麻辣专用调味原料	0.02
缓慢释放风味肉粉	0.5	辣椒香味提取物	0.002
柠檬酸	0.2	辣椒红色素	适量
辣椒油	3.2		

产品特点:具有独特香辣口感。

四、休闲调味酸菜生产注意事项

酸菜系列资源极其丰富,有待于提高品质的大规模精深加工,才能改变这一行业的现状。根据市场趋势可以改进为酸菜肉丝、酸辣鸡丝、串白肉丝、酸菜鸡丝、酸菜肉丝汤等新口味和餐饮必备的做法来带动休闲酸菜市场健康发展。休闲调味酸菜可作为自热米饭、自热麻辣烫等更多自热食品的配菜,也可以成为下饭菜、即食菜及其连锁餐饮配菜。

第三十七节 休闲调味野菜及其他蔬菜制品

一、休闲调味野菜生产工艺流程

1. 休闲调味野菜生产工艺

野菜→清理→切细→炒制或者不炒制→调味→包装→高温杀菌→检验→喷码→检查→装箱→封箱→加盖生产合格证→入库

2. 休闲调味红苕尖生产工艺

红苕尖→清理→腌制或者不腌制→切细→炒制→调味→包装→高温杀菌→检验→喷码→检查→装箱→封箱→加盖生产合格证→入库

3. 休闲调味车前草生产工艺

车前草→清理→腌制或者不腌制→切细→炒制→调味→包装→高温杀菌→检验→喷码→检查→装箱→封箱→加盖生产合格证→入库

4. 休闲调味原根生产工艺

原根→清理→腌制或者不腌制→切细→炒制→调味→包装→高温杀菌→检验→喷码→检查→装箱→封箱→加盖生产合格证→入库

5. 休闲调味水芹菜生产工艺

水芹菜→清理→腌制或者不腌制→切细→炒制→调味→包装→高温杀菌→检验→喷码→检查→装箱→封箱→加盖生产合格证→入库

6. 休闲调味鱼腥草生产工艺

鱼腥草→清理→腌制或者不腌制→切细→炒制→调味→包装→高温杀菌→检验→喷码→检查→装箱→封箱→加盖生产合格证→入库

7. 休闲调味圆葱丝生产工艺

圆葱→清理→腌制或者不腌制→切丝→炒制→调味→包装→高温杀菌→检验→喷码→检查→装箱→封箱→加盖生产合格证→入库

8. 休闲调味梅菜、冬菜、芽菜、甩菜、榨菜、木耳、米豆腐、花椒嫩

叶、海白菜、纳豆、豆筋、洋禾、芥菜、大蒜根须、菜根须、海苔、紫菜丝、葱根须、晶头、姜丝、米皮、韭菜及韭菜花等生产工艺

梅菜、冬菜、芽菜、甩菜、榨菜、木耳、米豆腐、花椒嫩叶、海白菜、纳豆、豆筋、洋禾、芥菜、大蒜根须、菜根须、海苔、紫菜丝、葱根须、晶头、姜丝、米皮、韭菜及韭菜花等→清理→切丝→炒制→调味→包装→高温杀菌→检验→喷码→检查→装箱→封箱→加盖生产合格证→入库

9.休闲调味粉丝生产工艺

粉丝→熟化→切断→调味→包装→检验→喷码→检查→装箱→封箱→加盖生产合格证→入库

二、休闲调味野菜生产技术要点

1.清理

将菜品清理至便于加工和食用,对于大多数菜品均是这样的。部分含食盐量较高的需要脱盐到刚好食用为止。

2.腌制

对一些蔬菜制品采用腌制进行保鲜,或者采用脱掉部分水分不需要腌制也可以进行加工,对不同的菜品处理稍加改变即可。

3.切丝

根据需要进行切丝处理。

4.炒制

一些可以采用炒制或者油炸来进行熟化,熟化之后进行调味。

5.调味

将调味原料与菜品充分混合均匀,让菜品更入味。

6.包装

根据不同需求进行包装,通常采用真空包装或者玻璃瓶装。

7.杀菌

根据产品需要进行杀菌,杀菌之后立即冷却即可保持蔬菜的口感,通常采用水浴杀菌90℃,12min作参考,根据包装方式稍加调整。

三、休闲调味野菜生产配方

1. 休闲调味山椒野菜配方(表3-398)

表3-398 休闲调味山椒野菜配方

原料	生产配方/kg	原料	生产配方/kg
野菜	18	I+G	0.01
山椒(含水)	2.2	天然辣椒提取物	0.01
缓慢释放风味肉粉	0.05	柠檬酸	0.003
谷氨酸钠	0.2	山椒提取物	0.005

产品特点:由于野菜的稀少,将这样的菜品作为休闲茶厅和咖啡厅休闲食品是一大卖点,也是休闲蔬菜制品回归原始的做法,备受消费者青睐。

2. 休闲调味香辣野菜配方1(表3-399)

表3-399 休闲调味香辣野菜配方1

原料	生产配方/kg	原料	生产配方/kg
野菜	100	乙基麦芽酚	0.02
谷氨酸钠	0.8	水溶辣椒提取物	0.3
食盐	3.2	白砂糖	2.3
缓慢释放风味肉粉	0.3	麻辣专用调味原料	0.02
柠檬酸	0.2	辣椒香精	0.002
辣椒油	3.6	辣椒红色素	适量
I+G	0.04		

产品特点:具有香辣特点。

3. 休闲调味香辣味野菜配方2(表3-400)

表3-400 休闲调味香辣味野菜配方2

原料	生产配方/kg	原料	生产配方/kg
野菜	20	谷氨酸钠	0.28
芝麻香精香料	0.002	I+G	0.01
食盐	0.24	海南黑胡椒粉	0.11
复合香辛料	0.03	二荆条辣椒粉	0.12
椒香强化液体香精香料	0.004	黑芝麻酱	0.1
水溶性辣椒提取物	0.02	缓慢释放风味肉粉	0.05
植物油	2.2	增鲜剂	0.02
大红袍花椒粉	0.02	白砂糖	0.4
油溶性辣椒提取物	0.02		

产品特点:具有椒香、芝麻香、牛肉香复合为一体的香辣特色风味。

4. 休闲调味香辣味野菜配方3(表3-401)

表3-401 休闲调味香辣味野菜配方3

原料	生产配方/kg	原料	生产配方/kg
野菜	20	谷氨酸钠	0.36
酱油	0.06	I+G	0.01
缓慢释放风味肉粉	0.05	葱白粉	0.08
食盐	0.31	海南白胡椒粉	0.1
清香型青花椒树脂精油	0.002	朝天椒辣椒籽粉	0.15
水溶性辣椒提取物	0.02	豆豉酱	0.1
植物油	1.3	增香剂	0.02
青花椒粉	0.01	白砂糖	0.35
油溶性辣椒提取物	0.02	香菜籽精油	0.02

产品特点:具有典型的香辣特点。

5. 休闲调味麻辣野菜配方(表3-402)

表3-402 休闲调味麻辣野菜配方

原料	生产配方/kg	原料	生产配方/kg
食用油	5	缓慢释放风味肉粉	0.2
野菜	88	辣椒红色素150E	0.01
辣椒	2.6	辣椒天然香味物质	0.002
谷氨酸钠	5	食盐	3
白砂糖	1	花椒	0.5
水溶辣椒提取物	0.14		

产品特点:辣椒和花椒可以直接吃的特点,尤其是放置时间越久味道越好吃。

6. 休闲调味麻辣味野菜配方2(表3-403)

表3-403 休闲调味麻辣味野菜配方2

原料	生产配方/kg	原料	生产配方/kg
野菜	20	水溶性辣椒提取物	0.03
食盐	0.2	油溶性辣椒提取物	0.02
复合香辛料	0.2	乙基麦芽酚	0.001
植物油	2	烤鸡肉粉	0.08
木姜子油	0.05	增鲜剂	0.02
缓慢释放风味肉粉	0.05	增香剂	0.04
谷氨酸钠	0.3	青花椒粉	0.07
I+G	0.01	白砂糖	0.4
烤香液体香精香料	0.03	花椒油树脂	0.01
鸡肉粉	0.1		

产品特点:独具一格的麻辣味野菜调味配方,适用于车前草、鱼

腥草、水芹菜、原根、梅菜、冬菜、芽菜、甩菜、榨菜、红苕尖、圆葱、木耳、米豆腐、花椒嫩叶、海白菜、纳豆、豆筋、洋禾、芥菜、大蒜根须、菜根须、海苔、紫菜丝、葱根须、晶头、姜丝、米皮、韭菜及韭菜花等野菜或者其他蔬菜调味使用。

7. 休闲调味麻辣味野菜配方3(表3-404)

表3-404 休闲调味麻辣味野菜配方3

原料	生产配方/kg	原料	生产配方/kg
脱水野菜	20	姜粉	0.05
食盐	0.3	水溶性辣椒提取物	0.04
酱油	0.1	油溶性辣椒提取物	0.01
复合香辛料	0.05	乙基麦芽酚	0.001
植物油	1.5	强化香味香料	0.08
辣椒籽油	0.06	增鲜剂	0.02
鸡肉粉	0.01	增香剂	0.04
谷氨酸钠	0.3	青花椒粉	0.07
I+G	0.01	白砂糖	0.4
海南黑胡椒粉	0.05	青花椒油树脂	0.01
缓慢释放风味肉粉	0.06		

产品特点:具有回味持久的麻辣清香特点。

8. 休闲调味麻辣味野菜配方4(表3-405)

表3-405 休闲调味麻辣味野菜配方4

原料	生产配方/kg	原料	生产配方/kg
野菜	20	芥末粉	0.05
缓慢释放风味肉粉	0.06	水溶性辣椒提取物	0.02
食盐	0.3	豆豉粉	0.06
红葱精油	0.05	油溶性辣椒提取物	0.02

续表

原料	生产配方/kg	原料	生产配方/kg
复合香辛料	0.02	乙基麦芽酚	0.001
植物油	2	复合香辛料	0.01
芹菜籽油	0.02	增鲜剂	0.02
牛肉香味香辛料提取物	0.01	增香剂	0.04
谷氨酸钠	0.4	大红袍花椒粉	0.07
I+G	0.01	白砂糖	0.3
海南黑胡椒粉	0.05	酵母味素	0.01
香辛料提取物	0.08		

产品特点:具有较为特色的麻辣味口味。

9. 休闲调味麻辣味野菜配方5(表3-406)

表3-406　休闲调味麻辣味野菜配方5

原料	生产配方/kg	原料	生产配方/kg
野菜	20	水溶性海南黑胡椒粉	0.02
缓慢释放风味肉粉	0.03	甜味剂	0.005
食盐	0.25	水溶性辣椒提取物	0.02
红葱精油	0.06	酸味剂	0.005
复合香辛料	0.04	油溶性辣椒提取物	0.02
植物油	2.1	增鲜剂	0.01
乙基麦芽酚	0.005	增香剂	0.01
水溶性青花椒粉	0.01	甜味香辛料	0.002
谷氨酸钠	0.3	白砂糖	0.3
I+G	0.01	酵母味素	0.01

产品特点:鸡肉香味突出但是无香精味,具有持久的麻辣风味。

10. 休闲调味麻辣味野菜配方6(表3－407)

表3－407 休闲调味麻辣味野菜配方6

原料	生产配方/kg	原料	生产配方/kg
野菜	20	I+G	0.01
缓慢释放风味肉粉	0.05	海南黑胡椒粉	0.03
食盐	0.22	鸡肉粉	0.06
红葱香精香料	0.002	甜味剂	0.002
生姜粉	0.004	水溶性辣椒提取物	0.02
植物油	1.6	油溶性辣椒提取物	0.04
乙基麦芽酚	0.003	白砂糖	0.25
青花椒粉	0.04	增鲜剂	0.02
谷氨酸钠	0.4	增香剂	0.02

产品特点:具有典型的麻辣风味。

11. 休闲调味糊辣野菜配方(表3－408)

表3－408 休闲调味糊辣野菜配方

原料	生产配方/kg	原料	生产配方/kg
食用油	6	水溶辣椒提取物	0.14
野菜	80	缓慢释放风味肉粉	0.2
糊辣椒	2.1	辣椒红色素150E	0.01
谷氨酸钠	5	糊辣椒天然香味物质	0.001
白砂糖	1	食盐	3

产品特点:具有地道糊辣椒口感和滋味。

12. 休闲调味香辣粉丝配方(表3－409)

表3－409　休闲调味香辣粉丝配方

原料	生产配方/kg	原料	生产配方/kg
膨化之后的粉丝	130	天然复合香辛料粉	0.9
缓慢释放风味肉粉	0.5	辣椒香味提取物	0.003
谷氨酸钠	1.2	辣椒粉	0.3
水溶辣椒提取物	0.2	食盐粉	1.5
天然辣味专用香辛料粉	0.2	I+G	0.05
乙基麦芽酚	0.001	风味改良剂	0.001

产品特点:具有独特的口感和辣味。

13. 休闲调味烧烤味野菜配方1(表3－410)

表3－410　休闲调味烧烤味野菜配方1

原料	生产配方/kg	原料	生产配方/kg
脱水后的野菜	20	孜然	0.1
食盐	0.4	朝天椒辣椒粉	0.2
烧烤香味香辛料	0.2	孜然树脂精油	0.002
植物油	2	增鲜剂	0.01
酱油	0.2	增香剂	0.01
谷氨酸钠	0.4	白砂糖	0.2
I+G	0.01	大红袍花椒	0.05

产品特点:具有微辣清香烤制香味香气。

14. 休闲调味烧烤味野菜干配方2(表3－411)

表3－411　休闲调味烧烤味野菜干配方2

原料	生产配方/kg	原料	生产配方/kg
干制野菜	20	孜然	0.4
食盐	0.4	朝天椒辣椒粉	0.6

续表

原料	生产配方/kg	原料	生产配方/kg
烧烤香味香辛料	0.5	孜然树脂精油	0.002
植物油	1.2	增鲜剂	0.01
缓慢释放风味肉粉	0.05	增香剂	0.01
谷氨酸钠	0.3	白砂糖	0.5
I+G	0.01	大红袍花椒	0.02

产品特点:辣味突出,具有复合的烤香味。

15. 休闲调味烧烤味野菜配方3(表3-412)

表3-412 休闲调味烧烤味野菜配方3

原料	生产配方/kg	原料	生产配方/kg
脱水野菜	20	朝天椒辣椒粉	0.2
食盐	0.3	孜然树脂精油	0.001
烧烤复合香味香辛料	0.2	鸡脂香液体香精香料	0.001
植物油	1.8	增鲜剂	0.01
缓慢释放风味肉粉	0.05	增香剂	0.01
谷氨酸钠	0.3	椒香强化香精香料	0.02
I+G	0.01	白砂糖	0.3
孜然	0.3	大红袍花椒	0.01
鸡肉粉	0.1		

产品特点:后味突出,复合肉味特征明显,具有较好的回味。

16. 休闲调味烧烤味野菜配方4(表3-413)

表3-413 休闲调味烧烤味野菜配方4

原料	生产配方/kg	原料	生产配方/kg
脱水野菜	20	水溶性辣椒提取物	0.03
食盐	0.3	油溶性辣椒提取物	0.02

续表

原料	生产配方/kg	原料	生产配方/kg
五香味复合香辛料液	0.2	孜然树脂精油	0.001
植物油	1.8	清香鸡肉液体香精香料	0.001
缓慢释放风味肉粉	0.05	增鲜剂	0.01
谷氨酸钠	0.3	增香剂	0.01
I+G	0.01	清香椒香强化香精香料	0.02
水溶性孜然粉	0.3	白砂糖	0.3
鸡粉	0.1	水溶性花椒粉	0.01

以上烧烤味不含有任何调味料固形物，成为特色的烧烤味野菜。该配方适用于车前草、鱼腥草、水芹菜、原根、梅菜、冬菜、芽菜、甩菜、榨菜、红苕尖、圆葱、木耳、米豆腐、花椒嫩叶、海白菜、纳豆、豆筋、洋禾、芥菜、大蒜根须、菜根须、海苔、紫菜丝、葱根须、晶头、姜丝、米皮、韭菜及韭菜花等野菜或者其他蔬菜调味使用。

17. 休闲调味青椒牛肉味野菜配方（表3-414）

表3-414　休闲调味青椒牛肉味野菜配方

原料	生产配方/kg	原料	生产配方/kg
野菜	20	谷氨酸钠	0.3
青辣椒酱	0.12	I+G	0.01
食盐	0.22	海南黑胡椒粉	0.02
烤牛肉醇香液体香精香料	0.002	缓慢释放风味肉粉	0.06
青椒液体香精香料	0.004	甜味剂	0.002
植物油	1.8	青椒增香粉状香精香料	0.02
乙基麦芽酚	0.003	白砂糖	0.25
青花椒粉	0.02		

产品特点：具有青辣椒的香味、牛肉的香味复合而成的独具一格的典型风味。

18. 休闲调味辣子鸡味野菜配方(表3-415)

表3-415 休闲调味辣子鸡味野菜配方

原料	生产配方/kg	原料	生产配方/kg
野菜	20	谷氨酸钠	0.4
辣椒酱	0.08	I+G	0.01
食盐	0.22	海南黑胡椒粉	0.02
复合香辛料	0.1	朝天椒辣椒粉	0.12
烤鸡肉液体香精香料	0.002	缓慢释放风味肉粉	0.06
水溶性辣椒提取物	0.02	鸡肉粉	0.04
植物油	1.4	鸡肉增香粉状香精香料	0.02
青花椒粉	0.02	白砂糖	0.3
油溶性辣椒提取物	0.04		

产品特点:鸡肉味、辣味融为一体成为特色。

19. 休闲调味酸辣味野菜配方(表3-416)

表3-416 休闲调味酸辣味野菜配方

原料	生产配方/kg	原料	生产配方/kg
脱水野菜	20	I+G	0.01
食盐	0.35	泡姜	0.08
缓慢释放风味肉粉	0.05	泡椒香精香料	0.02
水溶性辣椒提取物	0.02	增鲜剂	1.04
牛肉粉	0.04	泡菜酱	0.1
食用乳酸80%	0.02	甜味剂	0.004
植物油	1.5	增香剂	0.02
泡辣椒	0.4	白砂糖	0.38
油溶性辣椒提取物	0.02	乙基麦芽酚	0.02
谷氨酸钠	0.3		

产品特点:酸味、辣味、牛肉味、鸡肉味复合为一体。

20. 休闲调味野山椒味野菜配方(表3-417)

表3-417 休闲调味野山椒味野菜配方

原料	生产配方/kg	原料	生产配方/kg
野菜	20	植物油	1.2
食盐	0.42	谷氨酸钠	0.36
食用乳酸80%	0.01	I+G	0.01
野山椒	0.32	椒香强化液体香精香料	0.02
野山椒提取物	0.02	增鲜剂	0.02
水溶性辣椒提取物	0.02	乙基麦芽酚	0.02
清香鸡肉液体香精香料	0.002	白砂糖	0.28

产品特点:具有纯天然野山椒发酵所具有的辣味。

21. 休闲调味山椒风味野菜配方(表3-418)

表3-418 休闲调味山椒风味野菜配方

原料	生产配方/kg	原料	生产配方/kg
野菜	20	植物油	1
食盐	0.4	谷氨酸钠	0.3
食用乳酸80%	0.01	I+G	0.01
野山椒	0.36	泡椒液体香精香料	0.02
野山椒提取物	0.03	增鲜剂	0.02
水溶性辣椒提取物	0.03	乙基麦芽酚	0.02
烧鸡香型液体香精香料	0.002	白砂糖	0.28

产品特点:山椒的香味、较重的辣味成为该口味的关键,这也是一些山椒风味一般的体现。

22. 休闲调味泡椒味野菜配方1(表3-419)

表3-419 休闲调味泡椒味野菜配方1

原料	生产配方/kg	原料	生产配方/kg
野菜	20	植物油	1.3
食盐	0.43	谷氨酸钠	0.4
食用乳酸80%	0.01	I+G	0.01
泡辣椒	0.5	泡姜	0.12
野山椒	0.21	增鲜剂	0.04
泡椒香精香料	0.03	增香剂	0.01
水溶性辣椒提取物	0.04	乙基麦芽酚	0.02
烤牛肉香型液体香精香料	0.002	白砂糖	0.32

产品特点:纯正的柔和持久的辣味、酸味、烤牛肉香味聚一体,成为典型的泡椒味。

23. 休闲调味泡椒味野菜配方2(表3-420)

表3-420 休闲调味泡椒味野菜配方2

原料	生产配方/kg	原料	生产配方/kg
野菜	20	谷氨酸钠	0.33
食盐	0.4	I+G	0.01
泡辣椒	0.42	泡姜	0.08
野山椒	0.15	增鲜剂	0.04
泡椒香精香料	0.03	增香剂	0.01
水溶性辣椒提取物	0.04	乙基麦芽酚	0.02
清香鸡肉香型液体香精香料	0.002	白砂糖	0.24
植物油	1.6	泡菜液体香精香料	0.03

产品特点:纯天然发酵的泡椒、泡菜风味融合清香鸡肉风味,再经高温杀菌即可得泡椒风味。

24. 休闲调味泡菜味野菜配方(表 3－421)

表 3－421　休闲调味泡菜味野菜配方

原料	生产配方/kg	原料	生产配方/kg
野菜	20	植物油	1.8
食盐	0.36	谷氨酸钠	0.42
泡辣椒	0.36	I＋G	0.01
泡菜	0.42	泡姜	0.11
野山椒	0.16	增鲜剂	0.06
泡椒香精香料	0.03	增香剂	0.02
食用乳酸 80%	0.01	乙基麦芽酚	0.02
水溶性辣椒提取物	0.04	白砂糖	0.44
葱香牛肉香型液体香精香料	0.002	泡菜液体香精香料	0.05

产品特点:具有辣泡菜的特征体现。

25. 休闲调味藤椒味野菜配方(表 3－422)

表 3－422　休闲调味藤椒味野菜配方

原料	生产配方/kg	原料	生产配方/kg
野菜	20	椒香香型液体香精香料	0.002
食盐	0.42	植物油	1.3
藤椒油	0.05	谷氨酸钠	0.4
藤椒粉	0.02	I＋G	0.01
复合磷酸盐	0.002	增香剂	0.02
青花椒香型香精香料	0.002	乙基麦芽酚	0.02
水解植物蛋白粉	0.01	白砂糖	0.32
水溶性辣椒提取物	0.02		

产品特点:藤椒香型比较明显,吃完无苦口感,不发涩。

26. 休闲调味青椒味野菜配方(表 3-423)

表 3-423　休闲调味青椒味野菜配方

原料	生产配方/kg	原料	生产配方/kg
野菜	20	水溶性辣椒提取物	0.02
食盐	0.42	椒香香型液体香精香料	0.002
青花椒油	0.02	植物油	1.6
青花椒粉	0.02	谷氨酸钠	0.37
清香型青花椒树脂精油	0.002	I+G	0.01
缓慢释放风味肉粉	0.1	增香剂	0.02
青花椒香型香精香料	0.002	乙基麦芽酚	0.02
油溶辣椒提取物	0.01	白砂糖	0.38

产品特点:具有青椒味风味。

四、休闲调味野菜生产注意事项

野菜及其相关其他蔬菜制品有待于深度研发,根据消费需求进行研发,如茴香、薄荷、野果子、葱根须、蒜根须、蔬菜根须等多种可以直接食用的原料,需要采用现有调味技术研发,让其成为大众的美食佳肴,这才是休闲调味的主旨,也是未来发展的必然趋势。

第三十八节　休闲素食肉

一、休闲素食肉生产工艺流程

1. 休闲素食肉膨化工艺流程

原料→称量→混合→研磨→挤压→烘干或者整理→成形→检验→喷码→检查→装箱→封箱→加盖生产合格证→入库

2. 休闲素食肉调味工艺流程

素食肉半成品→复水或者整理→油炸或者腌制→脱油或者沥水

→调味→包装→高温杀菌或者不杀菌→检验→喷码→检查→装箱→封箱→加盖生产合格证→入库

二、休闲素食肉生产技术要点

1. 选料

根据膨化的工艺需要,采用不同原料可做出各种不同形状、不同色泽、不同口感、不同风味的成品,选择的原料和细节根据需求来,例如,采用豌豆蛋白可以做成鸡肉、鱼肉的效果。

2. 膨化

根据需求采用不同的膨化工艺可做成不同形状的素食肉,具体的品种和形状可根据设备操作规程执行。

3. 调味

根据消费需求,尽量调成消费者认可的味道特色,满足消费者的需求。其他的细节参照类似的调味即可得到新的味道和需求。

三、休闲素食肉生产配方

1. 休闲麻辣素食肉配方(表3-424)

表3-424　休闲麻辣素食肉配方

原料	生产配方/kg	原料	生产配方/kg
素食肉	40	麻辣专用调味油	0.2
食盐	0.8	去腥调味配料	0.006
青花椒油	0.04	植物油	3
青花椒粉	0.04	谷氨酸钠	0.8
清香型青花椒树脂精油	0.002	I+G	0.04
缓释风味肉粉	0.1	青花椒香料	0.004
乙基麦芽酚	0.04	辣椒香味提取物	0.01
白砂糖	0.7		

根据以上配方,略加修改即可做出香辣、椒麻、五香、咖喱等数百

个味道,满足更多消费者的需要,带来不同的消费增长。

2. 休闲天然风味素食肉配方(表 3 -425)

表 3 -425　休闲天然风味素食肉配方

原料	生产配方/kg	原料	生产配方/kg
素食肉	20	去腥调味配料	0.003
发酵调味汁	0.9	孜然油	0.02
香辣调味油	1.2	鱼类发酵物	0.8
虾类发酵物	0.2	五香料	0.1
增香香辛料提取物	0.1		

素食肉的天然风味趋势明显,未来越来越多的需求就是回归原始味道,提升素食肉的品质并实现消费升级,实现消费的原汁原味,达到百吃不厌,实现消费后不口干,以后会出现越来越多的这样的味觉体验。

第三十九节　休闲即食酱

一、休闲即食酱生产工艺流程

豆粕或者花生饼→吸水→发酵→配料→炒制→调味→包装→检验→喷码→检查→装箱→封箱→加盖生产合格证→入库

二、休闲即食酱生产技术要点

1. 原料吸水

原料吸水作为良好的发酵基料,提高发酵的本质,为高品质的发酵前期工作做准备。

2. 发酵

形成特殊的风味前提,让原始发酵延长口感形成消费记忆。

3. 配料

按照配方进行配料，做出口感奇特的调味酱。

4. 炒制

根据每个原料的特征进行炒制，保证其口感和品质，实现批量化生产。

三、休闲即食酱生产配方（表3-426）

表3-426　休闲即食酱生产配方

原料	生产配方/kg	原料	生产配方/kg
精炼菜籽油	100	发酵酱	80
鸡肉酱	120	豆豉	23
汉源大红袍花椒	6.5	遵义朝天椒辣椒粉	12
生姜	15	大蒜	16
云南鲁甸青花椒	5	鲜辣椒提取物	6
I+G	0.3	缓释风味肉粉	1
鸡油香料	1	花椒提取物	0.2
鸡肉粉	5	油溶辣椒提取物	3
辣椒香味提取物	0.1		

参考以上配方可以做出更多消费者认可的即食酱，用于多个消费场合，消费的认可度很高。十几年调味经验的积累，已成为多家企业提高产品品质找到出路，并得到越来越多消费者的认可。

第四十节　休闲酒糟调味酱

一、休闲酒糟调味酱生产工艺流程

酒糟→配料→炒制→调味→包装→检验→喷码→检查→装箱→封箱→加盖生产合格证→入库

二、休闲酒糟调味酱生产技术要点

1. 调配

根据消费的特点,采用肉类来弥补酒糟口感单一的缺点,创造新的风味,提高消费的品质。

2. 炒制

根据风味需要进行炒制,达到各项相关指标。

3. 调味

调味使其形成常规的风味,带来意想不到的消费认可。

三、休闲酒糟调味酱生产配方(表 3-427)

表 3-427 休闲酒糟调味酱生产配方

原料	生产配方/kg	原料	生产配方/kg
精炼食用油	100	鸡肉泥	100
食盐	3	酒糟	100
遵义朝天椒	5	鱼类发酵液	10
白砂糖	2	缓释风味肉粉	0.6
鲜辣椒提取物	0.3	辣椒香味提取物	0.002
秘制卤料	0.01		

参考这个配方,改变不同的工艺参数和调味技巧,即可做出一系列调味酱,带来新的消费。该技术已经成熟应用多年,此次为首次公开。

参考文献

[1]天津轻工业学院,无锡轻工业学院.食品工艺学(上、中册)[M].北京:中国轻工业出版社,1995.

[2]斯波.麻辣风味食品调味技术与配方[M].北京:中国轻工出版社,2011.

[3]斯波.复合调味技术及配方[M].北京:化学工业出版社,2011.

[4]曹雁平.食品调味技术[M].北京:化学工业出版社,2003.

[5]斯波.复合调味食品精品研发措施及对策[J].中国调味品,2009,1:109-110.

[6]斯波.麻辣休闲食品调味应用技巧[J].食品制造,2009,11:28-29.

[7]斯波.调味金针菇的增鲜新技术及防腐保鲜措施[J].食品安全导刊,2009,8:66-67.